“科学好简单”丛书

“鲸鳍”之旅
——走进海洋哺乳动物

[阿根廷] 迭戈 · 戈隆贝尔　主编
[阿根廷] 路易斯 · 卡波佐　著
[阿根廷] 伊塞格尔 · 伊格纳西奥 · 维拉　绘
招阳秀玥　译

南海出版公司
2023 · 海口

关于本书

（及本丛书）

所有人都生存在死亡带来的恐惧中，如同鲸被捕鲸索套牢一样。

——［美］赫尔曼·梅尔维尔，《白鲸》

还有谁不知道他们的故事？狂热地追逐白色抹香鲸的亚哈船长，海豚飞宝，《圣经》中的海怪利维坦和其他海洋巨兽，被一头鲸鱼吞掉三日后又被吐出的约拿，《杀手虎鲸》中一心向人类复仇的虎鲸，《威鲸闯天关》中的鲸鱼威利……虽然我们不经常看到这些生活在海洋中的哺乳动物，但是它们的生活习性，它们在海中遨游的踪影，它们由陆生生物转变为水生生物的命运无时无刻不令我们惊讶、着迷。达尔文也曾经因为无法解释为什么这些哺乳动物可以生活在水中而陷入苦恼，他甚至提出这些水生哺乳动物的直系祖先可能是一种会游泳的熊（很久以后，古生物学家才找到了能够将水生哺乳动物和陆生哺乳动物关联起来的动物化石，填补进化链上缺失的这一环）。

海豹、海狮、海豚和鲸到底从哪里来？为什么它们能从容地深潜于大海之中？人们在海岸上观察到的海豚群或鲸群又该如何解释？那些在海滩上搁浅的海豚和鲸真的是殉情吗？这一领域的权威专家路易斯·卡波佐将为我们拨开迷雾，带领我们探索那些回归海洋的生灵的世界。

“也许所有人的一生都在追寻一只白鲸，我们找到它的那一刻就是生命终结的时刻。”那么，为了迎接这一天的到来，让我们来开启这次探索海洋哺乳动物的旅程。大家上船吧。

这部科普丛书是由科学家（和一小部分新闻记者）编写而成的。他们认为，是时候走出实验室，向你们讲述一些专业科学领域奇妙的历程、伟大的发现，抑或是不幸的事实。因此，他们会与你们分享知识，这些知识如若继续被隐藏着，就变得毫无用处。

迭戈·戈隆贝尔

谨以此书献给我的女儿胡利娅和露西亚

感谢她们让我重新认识了爱

致谢辞

让我写作这本书的提议最初来自迭戈·戈隆贝尔，是他给了我这个宝贵的机会。在他的影响下，我决定走出实验室，去接触外面的世界。感谢迭戈给予我恒心、耐心和信心，没有他，我不可能完成这部作品。谢谢你，迭戈！我非常感谢最先读这本书的几位读者——丹尼尔·埃斯科拉、瓦莱利亚·罗曼和瓦莱利亚·希尔贝罗尼，谢谢他们愿意花费时间来阅读这本书，并向我提出建议。是他们给了我信心，使我相信我有能力将自己在这些年的职业生涯中获得的知识分享给大家。感谢伊塞格尔·伊格纳西奥·维拉为本书绘制了精美的配图，感谢他在绘画方面具有的极高天分。保拉·科夫曼曾经邀请我给她的文学创作提供一些建设性的想法，这个经历在我写作的过程中也发挥了积极的影响，因此，我要感谢保拉·科夫曼在无意中给予我的帮助。除此以外，我还要感谢我的老师们和学生们，从他们身上我总能学到新的东西。

关于作者

路易斯 · 卡波佐

路易斯 1961 年出生于阿根廷布宜诺斯艾利斯市。6 岁那年，他因自己捉到的昆虫总是很快死去而感到非常难过，决心长大后要学习生物学。路易斯于 1990 年在阿根廷国立布宜诺斯艾利斯大学自然科学系获得学士学位，之后继续学习本专业，并于 1995 年获得博士学位，成为一名海洋生物学家，研究的主要内容包括海洋哺乳动物的行为、进化与生态环境之间的关系等。在阿根廷向联合国教科文组织申请将瓦尔德斯半岛列入《世界遗产名录》时，路易斯是申请委员会技术部门的负责人，他还是西班牙瓦伦西亚大学生物进化与生物多样性研究院的客座研究员。路易斯已经在学术杂志、专业书籍以及百科全书中发表过多篇作品，也撰写过科普文章，后担任阿根廷克肯港水生生物研究站站长一职，该站是南美洲第一个海洋生物研究站。除此以外，他还负责阿根廷贝纳迪诺 · 里瓦达维亚自然科学博物馆的生态、行为与海洋哺乳动物实验室的工作。

目录

第一章

海洋——

鲸的屋顶

天鹅的土地

船帆的路

维京人的田野

海鸥的草地

岛屿的项链

——［阿根廷］豪尔赫·路易斯·博尔赫斯，

《永恒史》

海洋哺乳动物前传（莫比·迪克的玄玄祖父的故事）

15 年前某个冬末春初的下午，我带着我父亲去瓦尔德斯半岛[①]上的圣马蒂亚斯湾看南露脊鲸。我们和船上几十名游客一起看着两只奇妙的庞然大物在海面上缓慢移动，我父亲问了一个引起我思考的问题：这些鲸的祖先是陆生动物？在我们乘车从马德林港前往皮拉米德斯港的途中，我向蒂托，也就是我的父亲，介绍了一些关于露脊鲸的知识。毕竟他是真的想知道答案才会问我的。此时，其他游客也

① 瓦尔德斯半岛位于阿根廷丘布特省，因分布在此地的动物种类多样而闻名（露脊鲸，多种海豚、海狮、海豹，种类繁多的海鸟和来自巴塔哥尼亚草原的鸟类、狐狸、臭鼬、白鼬、巴塔哥尼亚兔），除此以外，当地的植物种类也相当丰富，具有极高的古生物学和地质学研究价值。瓦尔德斯半岛是全球闻名的旅游目的地，已经被列入《世界遗产名录》（联合国教科文组织，1999 年）。[②]

② 若无特别说明，页下注均为作者原注。——编辑注

在好奇，鲸类从后颈喷出的物质到底是不是热水。导游们尽其所能地解答大家的问题，但也免不了加入一些他们深信不疑但不一定是事实的内容。我告诉父亲，约在5000万年前，在海岸上生活着一种动物，它是所有鲸鱼和海豚的玄玄祖父，同时也是许多现在与鲸和海豚完全不同的哺乳动物的祖先。我还告诉他，在这漫长的演化过程中，鲸和海豚学会了像鱼一样在海洋中生活，但是，它们并不是鱼，它们同猴子、狗、猫、人类一样，是哺乳动物。南露脊鲸曾经因为易于捕杀而被称为“好鲸”，对于专业的捕鲸船队来说，捕杀它们易如反掌。[①] 幸好现在捕杀它们已经不那么容易了……阿根廷的法制建设虽然从整体上来讲发展缓慢，但是在立法保护海洋哺乳动物方面成绩斐然，主要原因是在立法过程中立法者咨询了科学家们的意见（这在其他领域是不常见的）。比如，议会已经把露脊鲸列入国家天然纪念物名录[②]。想想看，南露脊鲸的地位现在与布宜诺斯艾

---

① 南露脊鲸行动缓慢，不具有任何逃生技巧来应对人类的猎杀。因为它行动缓慢，并且会毫无戒备地把自己的身体展现在人类面前，所以很容易被捕鲸人用渔叉捕杀。

② 这符合23094号法案（1984年颁布）和25577号法案（1992年颁布）之规定：在阿根廷境内禁止捕杀鲸和海豚，包括浅海地区、经济专属区及其内部海域。

利斯市政大楼、土库曼之家、圣伊格纳西奥教堂遗址不相上下了，这是一种多么大的进步。

总之，我和父亲讨论了这些神奇的动物经历的种种变化和人类在破坏环境之后又试图保护自然、恢复生态的种种努力。我们欣赏着那些身长达到 14 米的庞然大物在水中自在畅游，并不停地发出惊叹。事实上，人们很难想象这两只美丽的露脊鲸（具体来说是一只雌鲸带着它刚出生不久的孩子）与貘、单峰骆驼和羊拥有共同的祖先。怎么可能在几千万年的时间里产生这样的变化？不能再等了，是时候说出真相了：莫比 · 迪克（一只美丽的白色抹香鲸）[①]的玄玄祖父是有牙齿，有四肢，生活在坚硬的陆地上的爬行动物！

鲸和海豚的祖先沿着海岸活动，用四肢爬行，擅长游泳，能够捕捉鱼类或者其他生活在浅海的生物。露脊鲸、抹香鲸以及我们熟知的海狮[②]、海豚、鼠海豚都完美地适应了海洋生活。它们可以在水中自由活动，潜入较深的海域（有

① 《莫比 · 迪克》是一部由赫尔曼 · 梅尔维尔创作于 1851 年出版的小说。

② 在马德普拉塔聚集的海狮群非常有名（虽然那不是最美的海狮群景观）。该市主干道上还矗立着许多海狮雕塑，每年夏天有成百上千的游客来到这里拍照留念。

些种类下潜的深度相当惊人），并且都可以在水下捕食。它们通过喷射水柱来排出肺部的空气，也用这个方式妥善解决了迅速上浮和下潜带来的诸多问题。在下潜过程中，它们不再使用肺部呼吸，而是从血液和肌肉中获取氧气。

我向父亲解释到，生物在随着时间流逝不断变化，一些物种演变成了另一些物种，在我们的星球上生命永远充满了无限活力。如果有人能够纵览古今[①]或者穿越时空[②]，就能够看到生物们经历的种种变化[③]。人们可能会认为，这些变化都是生物们为了解决某个问题而采取的应对措施，目的是适应生存环境的改变。但是，生物进化论告诉我们事实并非如此：这些变化既没有指向性也没有目的性。

演变也不意味着生物在向着更高级的物种进化。所以我们必须要告诉那些对超能人类抱有幻想的人一个坏消息：人类永远也不可能进化出一个能用意念来移动物体的大脑。

---

① 我们所指的是几亿年或者几千万年的时间。

② 在艾萨克·阿西莫夫的科幻小说《永恒的终结》中，主人公能够穿越时空，修改过去与未来。与此同时，有一个永恒存在的小组在持续观察着这些变化。

③ 我向读者们推荐雷·布莱德伯里的小说《雷霆万钧》，这是一部关于随着时间流逝万事万物如何变化的作品。

鲸的基因

在船上，我们继续讨论 DNA[1]（脱氧核糖核酸）和基因密码，这是所有生物的身体里共有的部分。我父亲依然感到非常迷惑，想要知道这一切到底是怎么开始的……因为一个变化必然是因另一个变化而起的，到底是什么最先开启了生命的进化？目前关于生命起源，比较受到学术界认可的理论认为，从简单分子开始，逐渐出现了有能力复制、传递遗传信息的复杂分子。遗传信息的载体称为基因，不同物种的基因的结构是一样的，也就是说，海豚、松树、细菌和人类的基因由相同的基本组成单位[2]构成。每个生物个体身上存在的基因集合被称为染色体，中间储存着指挥生命体生长发育的一切指令。

一只宽吻海豚的基因中包含着这样的信息：发育一个强壮有力的背鳍，身体的颜色是珍珠灰色。同样的，一个早期智人的基因中包含着“长一个大鼻子”这样的信息[3]。

---

① DNA 是一种遗传物质（从上一代遗传到下一代），它存在于一切生物体内，其中储存着构建生命体所需的一切信息。

② 即核苷酸——腺嘌呤、胸腺嘧啶、胞嘧啶、鸟嘌呤。

③ 虽然这听起来不像真的，但是我们在许多纪录片中都可以验证这个事实。

在有性生殖生物中，雄配子和雌配子（配子即成熟的生殖细胞）在受精过程中结合，然后产生一个经历了一定程度的基因变异的新个体。换句话说，孩子是父母的组合体，但是，在染色体组形成的过程中，每个个体的基因都融合了更多的遗传信息，这就增加了产生变异的可能性（我们都在一定程度上与父母相似，但我们与父母又是不同的[①]）。基因变异的过程是漫长的，在细胞分裂之前，伴随着基因信息的复制，基因会发生一定的变化和错误，这被称为“基因突变”。绝大多数的基因突变都是悄无声息的，少数基因突变会对生命体造成致命的伤害，但是有一些也会带来益处[②]。

我们离鲸和海洋哺乳动物的话题越来越远了，现在让我们通过进化论回归这个话题。

---

① 我有一张我的祖母奥尔腾希在 1909 年拍摄的照片，当时她只有 20 岁。她许多的长相和我 1959 年出生的侄女桑德拉一模一样。她们之间整整差了 70 岁，但是长相真的是一模一样。

② 这些益处被认为是生物进化的选择，为了使生物更好地适应生存环境，提高生物的存活率和生育率。

这是进化啊，先生们！进化！

生命从最初的细菌进化到鲸，经历了极为漫长的过程。在此期间，生命积累了种种变化，大量物种出现又灭绝。我们探究这个过程，对不同阶段加以命名和描述，就认识了生命进化的整个历程。查尔斯·达尔文和阿尔弗雷德·罗素·华莱士在19世纪中叶提出了进化论，这个理论在学术界至今屹立不倒。[①] 进化论解释了生命随时间演进出新物种的机制。达尔文把这种机制称为自然选择。也就是说，某些个体在繁殖后代方面比其他个体更加成功。换句话说，某些个体繁衍的后代够多，从而确保了它的基因信息的传承。

在很多时候，进化学说都会被错误地概括为“强者生存”。但事实绝非如此。我会尝试说明“成功”在这个领域中的含义，破除人们对它的迷信。与“强者生存”相反，更加适应生存环境、繁衍后代的能力更强的物种拥有更多的生存机会，其中就有那些与它同时代的“强者”相比弱小一些的个体。

---

① 创世论的支持者们坚持认为达尔文的进化论并不存在。智能设计论是他们提出的一个较为新潮的理论，它追求科学证据，但是主要被用来反击达尔文的进化论（véanse notas del diario *Clarín*: 18/9/05, p.51; 26/9/05, p.31; 29/9/05, p.37; 10/11/05, p.32 y 21/12/05, p.49.）。

在长达30亿年的时间里，地球上的唯一居民是细菌，接着出现了具有多种结构的细胞（这样的细胞被称为“真核细胞”，特点是拥有不同的内含DNA的细胞核、细胞质和功能各异的细胞器），这样的细胞可以在一个多细胞组织中聚合。细胞聚合的不同区域承担着不同的特定功能，并最终形成了多种多样的组织，接着是器官、器官系统，在数百万年之后，进化出了完全适应在海洋环境中生存的海洋哺乳动物。

一直以来，我们都对海洋哺乳动物非常感兴趣，都想要了解它们作为哺乳动物是如何适应海洋生活的。它们既是重要的蛋白质来源，又经常成为神话传说的主角。是的，海洋哺乳动物对于生活在海边的古代居民和一些现代居民来说确实是重要的食物来源，是一种历史悠久的日常食物。[①] 这种食用海洋哺乳动物的传统是我们研究海洋生态的重要模型，我们要特别强调的是，在众多生态系统（人类与动物共同开发利用的海域）中，海洋哺乳动物有可能成为我们潜在的竞争者，与我们争夺海洋提供的蛋白质资源（比如说鱼类）。

---

① 我曾经亲眼见过乌拉圭人用炒锅烹制海狮肉，挪威人用小鳁鲸制作传统食物。有幸品尝过这两种食物之后，我向读者朋友们保证，我们的味蕾是无法欣赏这些珍馐美味的，还是把它们留给将海洋哺乳动物作为传统食物的民族吧。

关于大海的都市传说

大海，与海峡相接，不安地晃动着崎岖的海岸。

没有沙滩，只有陡峭高耸的悬崖。悬崖给海面笼罩上一层阴影，海面上倒映着山顶的寒光。

——［美］厄休拉·勒古恩，《地海巫师》

我们应当学习与海洋哺乳动物和平共处，合理开发海洋资源，在开发过程中保护海洋生物的多样性。

人们总会装模作样地制定各种条令来保护海洋，但并没有真正付诸实践。就因为海洋占地球总面积的 70%，许多人便想当然地认为海洋资源是取之不尽、用之不竭的，特别是其中作为人类食物来源的蛋白质资源。但是，渔业资源丰富的海域面积是非常有限的，大部分海洋的荒凉程度堪比沙漠。

海洋中的能量链从作为生产者的低等生物开始，它们通过光合作用制造化学能量。这些生产者是随洋流漂浮的浮游植物。但是这些植物的生长旺盛期[①]是不可预估的，它

① 生长旺盛期是指含有叶绿素、能够形成浮游植物群落的单细胞生物群迅猛生长的时期。

们在维持地球气候稳定方面发挥着基础性作用。为了制造能量，这些浮游植物需要从大气中吸取二氧化碳，这对维持大气成分稳定是非常有益的（二氧化碳在大气中所占比例很小，只有 1% ~ 2%）。浮游植物可以固定（也就是说将二氧化碳纳入生物圈）的二氧化碳占地球大气中二氧化碳总量的 55% 以上。

让我们把目光从生产者转向消费者，比如鱼类。全球渔业资源分布极其不平衡，影响因素包括主要品种的质量、鱼群移动速度、鱼群繁殖速度（即从出生到性成熟、开始繁育后代所需要的时间）、鱼群对气候变化的耐受力，等等。一个海洋鱼类种群的繁衍生息可能受到多种因素的影响，但只有人类捕捞这一点是由人类控制的。问题不一定出在我们计划捕捞的品种身上，也有可能出现在伴随着它们而来的其他物种身上。在商业捕捞过程中，目标鱼群经常伴随着许多人们不需要捕捞的物种一同出现，这些被误捕的物种或是与目标鱼群有共生关系，或只是偶然经过捕捞海域（“我只是从那儿经过，就被缠住了”）。海洋哺乳动物（尤其是体型较小的海豚）、海龟、海鸟、众多鱼类以及无脊椎动物都有可能因为在不合适的时间出现在不合适的地方而死亡，从而造成资源浪费。

在所有的海洋生物中，海洋哺乳动物是最具魅力的。它们的奇妙可以震撼任何人，人们愿意为保护它们付出努力。因此，它们对那些致力于保护海洋生态的机构来说意义非凡。这些机构通过把海洋哺乳动物作为海洋问题的典型来吸引大众对这一领域的关注，从中获取资源来开展研究和保护工作。

从“忍者神龟”到“蝙蝠侠”

由于哺乳动物的化石遗存非常丰富，人们得以比较清晰地了解这一物种的进化史。它们由生活在3亿年前的似哺乳类爬行动物中的兽孔目动物演化而来。哺乳动物与这些爬行动物的相似性主要表现在骨骼上，特别是颅骨部分。而颌骨的形状不同是爬行动物与哺乳动物之间的一个重要区别。在2.8亿年前的二叠纪，爬行动物分化出两个大类：盘龙目[①]和兽孔目。兽孔目正是哺乳动物的祖先，经历了数百万年的演化历程，进化出了如今我们看到的海洋哺乳动物。

① 保拉·科夫曼在创作她的小说《湖》的过程中，曾经向我咨询过那些能够证明神秘的水怪纳伍埃利多确实存在的证据。感谢她曾经向我咨询这个问题，我才能从中获取灵感。

哺乳动物最早出现在2.25亿年前的三叠纪。在1.9亿年前的侏罗纪，这个群体第一次发生分化，演变出了极具多样性的不同物种（见图1-1）。

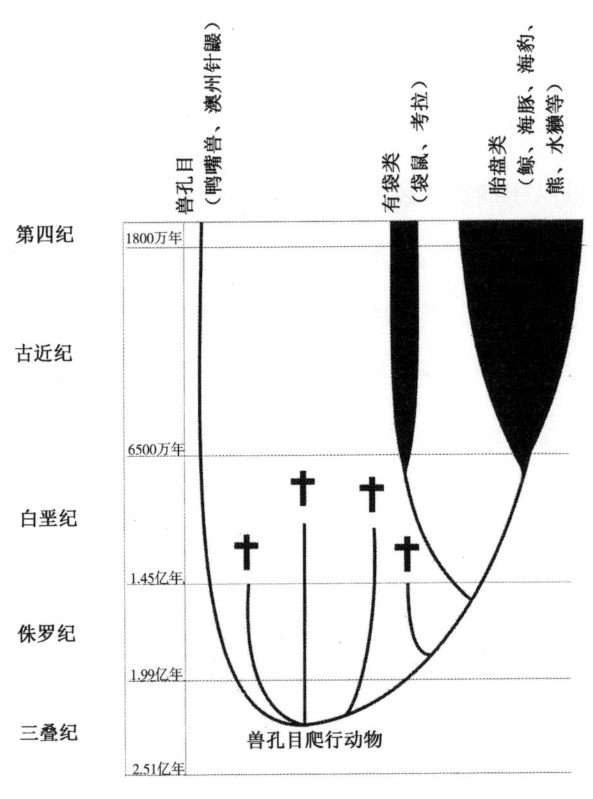

图1-1　从兽孔目爬行动物开始的哺乳动物进化史示意图
（阴影部分的宽度体现的是哺乳动物种类的多样性）

这些哺乳动物的繁衍在几百万年前的上新世末期、冰河时代到来之前达到鼎盛。新近纪及古近纪期间，在地球上任何一种类型的自然环境中，都有哺乳动物栖息（同鸟类一样，哺乳动物有很强的适应能力）。哺乳动物向地球各个角落扩张的过程约始于7000万年前，止于100万年前……一切就好像发生在昨天一样。哺乳动物最终获得了生存胜利（也许还要感谢恐龙的灭绝），成功占领了地球。我们可以在沙漠、雨林、水环境、地下甚至空气中找到哺乳动物的身影，从地理上来说涵盖了从赤道到两极的所有地区。这种完全的胜利，或者说，这种极强的适应性，基于3个主要特征（但不是仅有的3个）：

一是拥有保持体温相对稳定的能力（恒温性）。

二是大脑的发育和分化提高了功能性分化的概率和复杂结构存在的可能性。

三是胚胎在母体子宫中发育，保证了幼崽出生后能够通过自己的方式迅速独立生活（胎生性）。

如果我们想确定眼前的动物是不是哺乳动物，可以通过两个特点来辨别：其一，哺乳动物只有一块下颌骨；其二，它们有乳腺（所以被称为“哺乳动物”）。

哺乳动物已经占领了地球，尽一切努力开发有利用价值的环境来维持生存、繁衍后代。在漫长而复杂的演化进程中，许多物种永远地消失了，另一些物种则成功地生存下来，并且让我们如今有机会在沙漠或者两极这样极端恶劣的居住环境中看到哺乳动物生存繁衍。哺乳动物不仅占领了陆地，它们中还有一个特殊的群体回到了海洋……

看那水花！

“那会是一只白熊吗？”

“棒极了，总算没有白干这么长时间！”

巨大的冰柱后面传出了一声类似骡子嘶鸣的咆哮声，但是更加低沉，更加短促。

“快上船！”两个船员尖叫着，转身飞奔起来。

“啊！我的天啊！”蒂哈尔看到他们丢下了那根缆绳，不禁尖叫道，“我的神啊……你们想毁了这艘船吗？”

“蒂哈尔先生，”查科特说道——此时他已经站在了冰块的边缘，“这里有一个朋友正等着我们。但是我要提醒你，它有尖牙利爪，而且饥肠辘辘。”

“你到底想说什么，海豹猎人？”

“我想说那后面有一只熊。”

——埃米利欧·赛尔加里（国籍不详），

《巴芬海湾的海豹猎人》

那些返回海洋的哺乳动物为海洋哺乳动物的产生奠定了基础，但我们已经说过，这是一个极为漫长的演化过程。进化的道路、偶然发生的意外、基因的改变、自然选择等等因素，最终造就了长期生活在海洋中或海岸上的生物（它们的身体发生了种种改变来适应与水紧密相关的生活环境：它们的爪子有蹼，可以用来划水；它们可以在水下屏住呼吸，也能够在水下高速移动捕捉猎物）。它们利用自己得天独厚的优势找到了储量极为丰富的食物资源，这种分布在近海的水生猎物尚未被其他捕食者开发利用。一系列意外事件的共同作用让它们走上了这条漫漫长路，最终进化出了鲸和海豹。现存的鲸目动物（包括鲸和海豚）的祖先生活在距今 5500 万年前的始新世早期，而鳍足目动物（海豹、海象、海狮）的祖先最早出现在距今约 2200 万 ~ 2500 万年前的渐新世中期。海牛目动物（海牛和儒艮）比鲸目出现的时间更晚一些，但是目前收集到的最古老的海牛目动物化石也超过了5000万年。海獭也是海洋哺乳动物，属食肉目（食肉目中包括狼、狮子、熊、猫和狗），其祖先生活在700多万年前的中新世晚期（见图1-2）。

北极熊出现的年代更晚，它和海獭一样被列入海洋哺乳动物名单的主要原因是它的一生都与海洋密不可分。尽管北极熊在海洋环境中生存的自主性比海豹低（更无法与鲸相提并论），但是它们不会因此被逐出海洋哺乳动物之列。然而，我们的注意力主要集中在那些最有吸引力的海洋哺乳动物身上（尤其是对于本书作者而言）——鲸目动物和鳍足目动物。

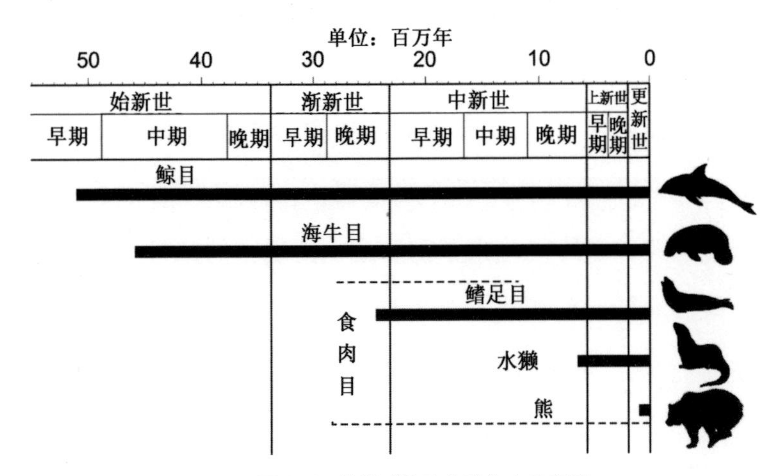

图1-2 海洋哺乳动物进化史示意图

五千万年，弹指一挥间……

“是时候来说说这些事了，”海象说，“鞋子，船，火漆，圆白菜，国王，以及为什么海水会像沸腾了一样滚烫。”

——［英］刘易斯·卡罗尔，《猎鲨记》

适应辐射在鲸目动物的进化过程中起到了决定性的作用。适应辐射对动物进化的影响分为多个阶段，每个阶段的进程都需要数百万年的时间。在这个过程中，出现了许多新的物种，它们可能繁衍至今，也可能已经灭绝。这就像在做实验，实验的对象就是多种多样的新基因组合。有些实验失败了，有些实验成功了，其中一个实验的结果就是一批哺乳动物回到了海洋中生存。因此，凯文·科斯特纳主演的《未来水世界》可以说是好莱坞产出的又一个荒诞的作品：人类是不可能因为核战争和全球变暖而长出腮和脚蹼的……①

大规模的适应辐射（或称多样化浪潮）发生了三次。

---

① 但是，这部影片指出，大气中二氧化碳的含量升高会引起温室效应，最终造成洪水泛滥，这个想法是值得赞赏的。

第一次发生在始新世，在这一时期，鲸目动物生活在位于劳亚古陆和冈瓦纳古陆之间的特提斯海，分布在靠近北回归线较浅的水域中。这个群体的早期成员被称为古鲸亚目，目前我们已经找到了35种古鲸的化石，它们生活在距今5300万年前到3500万年前。第二次适应辐射发生在渐新世，此时出现了齿鲸（有牙齿的鲸，比如海豚和抹香鲸）和须鲸（有须板的鲸）①，它们的祖先是始新世晚期的古鲸。这个群体被称为新鲸类，根据它们的化石来判断，新鲸类可以分为50个不同种类。它们在地球上存活了2000万年，也就是从3600万年前到1600万年前。第三次适应辐射发生于中新世，期间，进化出了现代海豚和鲸，部分属于古鲸亚目的种群已经灭绝。从第四纪开始（最后180万年），已经找不到古鲸亚目的化石遗迹了，只留下我们现在认识的海洋哺乳动物。目前，鲸目包含60种海豚及与海豚有亲缘关系的物种和约12种大型鲸。齿鲸亚目动物（海豚、鼠海豚、抹香鲸）有牙齿，人类的牙齿形状不同、分工不同，但是齿鲸亚目动物的牙齿却拥有完全相同的形状、功能；须鲸亚目（鲸）没有牙齿，只有鲸须板（见图1-3），鲸须

---

① 在18世纪、19世纪，须板曾经被用来制作女式束胸衣或者男式衬衣（放置在衣领下面特制的沟槽中用来支撑衣领）。须板可以保持衣物平整不变形。

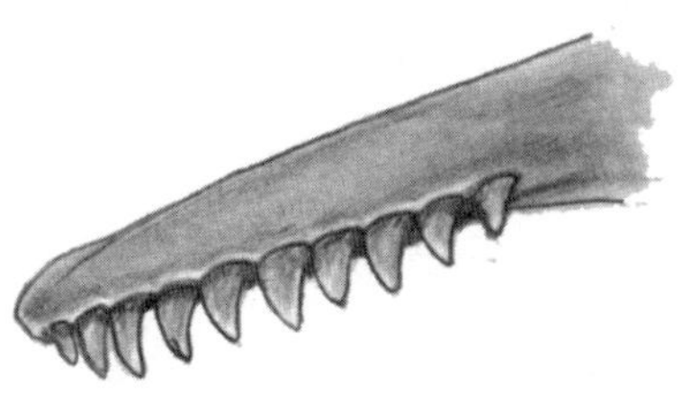

图 1-3 须鲸的鲸须板（左）和虎鲸（齿鲸亚目）的牙齿（右）

板可以帮助须鲸将食物留在嘴里，同时把水过滤出去。

生活在海洋中的动物都面临着一个共同的问题：如何定位（生活在陆地上的人类中，有许多人也有这个困扰）。海洋动物在水中移动时，常常需要判定几米开外是否有食物或捕捞船。因此，定位能力对它们来说是非常必要的。潜水员和捕捞船通过声呐[①]解决了这个问题。但是我们并不是这种设备的发明者，它在很久以前就已经出现在自然界中了。动物通过发射、接收高频率的声音（这种声音人类无法听到）来观察周围环境、捕捉食物、逃避捕食者。这一套回声定位系统的出现是海洋哺乳动物适应海洋环境的又一个奇迹，如果没有这套系统，鲸目动物不可能如此顺利地适应海洋生活。许多其他种类的哺乳动物，比如蝙蝠，

① “李船长，李船长……声呐显示有一个大家伙正快速向我们移动。科沃尔斯基，快去通知尼尔森将军！哔……哔哔……哔哔……”

虽然生活在截然不同的环境中，但是通过进化也拥有了回声定位能力，这就是所谓的趋同进化。趋同进化简单来说就是通过不同的进化道路最终走向了相同的进化结果。这套回声定位系统产生作用的原理是：动物制造发射频率极高的超声波，超声波在水中迅速扩散，撞击到实物（比如鱼类）后反弹；超声波被反弹回发射源（即鲸目动物）后，进入发射源的头部，那里有一个特殊的信号接收器，其中包含着一些作用与天线相似的结构，比如颌骨（包括骨骼和其中密度很高的脂肪填充物）和位于头颅前部的鲸脑油器。鲸目动物骨骼中的脂肪填充物能够帮助超声波到达内耳，并将信号传递到大脑。鲸目动物发射的超声波在被物体和周围环境反弹回到它们的大脑中形成一个“听觉画面”，它的效果与最清晰的视觉画面相比毫不逊色。在海水比较浑浊或者缺乏光线的情况下，“听觉画面”可以帮助鲸目动物捕食。

鳍足目动物（海豹、海狮、海象）出现的时间较晚，在距今约 2500 万年前的渐新世晚期。在了解鳍足目动物之前，我们可以先想象一个画面：一只陆生哺乳动物在海洋中觅食，为了获得在海洋中觅食的能力，它们的身体已经做出了适应性改变。这些适应性改变在进化过程中是通过自然选择随机出现的，如果这些改变能够帮助动物存活，就会被遗传给后代。早期的鳍足目动物体型大小与现在的水獭相似，它们有能力开发尚未被同时代的其他物种利用过的环境，并从中获益（没有人会否认能够获取大量食物是在自然界生存的一大优势）。鳍足目动物祖先的学名是米尔赛海熊兽，它们的化石与鳍足目动物的骨骼形态类似。海狮、海豹和海象在进化过程中是否发生差异分化，取决于它们是从同一祖先进化（单源进化）而来的，还是从不同的祖先进化（多源进化）而来的，支持两方观点的证据都有待分子生物学家和古生物学家去探索、验证。鳍足目动物现存 33 种。直到 1964 年地球上尚有 34 种鳍足目动物（见附录 1），但是其中 1 种生活在加勒比海的种群（加勒比海僧海豹）如今灭绝了……

这些海洋哺乳动物有一个将它们与地球上现存的其他哺乳动物完全区分开的显著特征：它们在海洋中觅食，在陆地繁衍后代。鳍足目动物与鲸目动物不同，鲸目动物在海洋中分娩，与陆地生活已经没有任何联系，而鳍足目动物需要前往海滩繁育后代，其中还有许多种类需要在陆地上休息、交配、更新皮肤。然而，它们也不必嫉妒鲸目动物，因为它们虽然在陆地上行动迟缓（不过，千万不要小看它们，我的一个同事曾经被海狮咬伤臀部，那个伤口告诫我们，低估一只停留在陆地上的海狮是会付出沉重代价的），但是在海水中，它们行动迅速，非常敏捷，完全适应它们长期生活的水下环境。鳍足目动物是哺乳动物中非常特殊的一个群体，很多人认为它们应当被归为食肉目动物，如果是这样，它们就会成为狗、狼、猫的近亲。鳍足目动物有彼此之间区别显著的两大科：海狮科，包括海狮和海狗，起源于北太平洋；海豹科，包括海豹和象海豹，起源地是北大西洋①。我们前面提到过，鳍足目动物的祖先是陆生食肉动物。从现存的化石可以看出，海狮和海象从陆生食肉动物进化而来，它们的祖先与熊科有亲缘关系，熊科进化的产物就是我们现在所认识的熊。海豹和象海豹的起源有可能与早期鼬科动物有关，狐狸和白鼬就是从这里进化来的（见图 1-4）。

区分鳍足目动物的主要外形特点是：海狮科（海狮）和海象科（海象，因巨型尖牙而闻名）可以通过摆动后鳍在地面上移动。请记住这个特点，这在下一章中将成为解

① 在这里，“起源地”指的是目前发现的最古老的鳍足目动物祖先化石所在地。也就是说，它们最早出现在北半球，逐渐向南扩散。

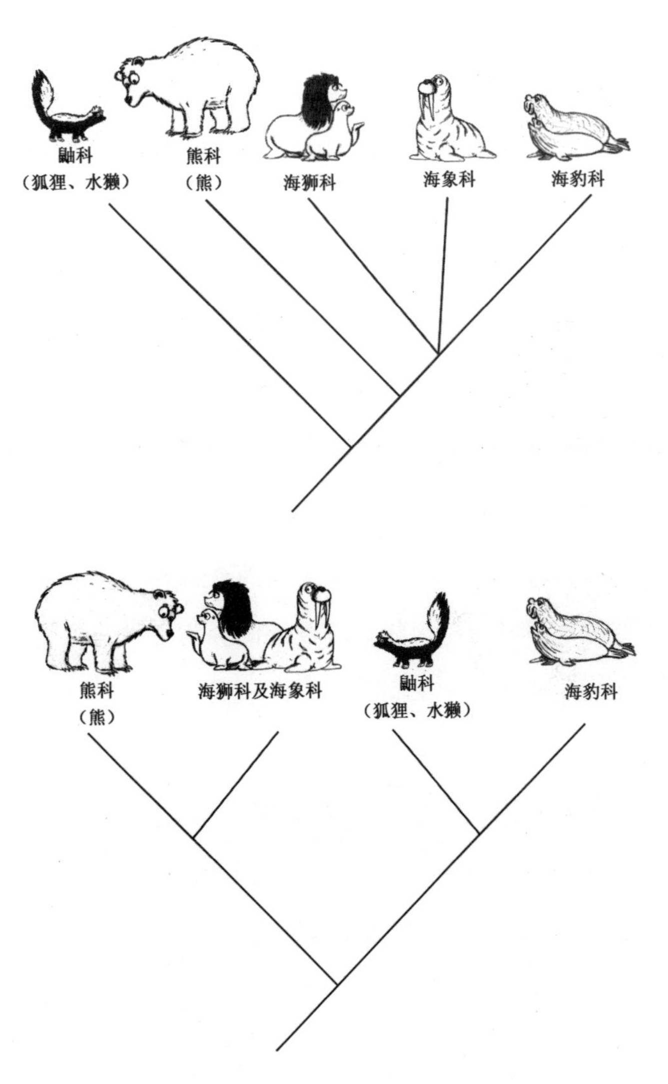

图 1–4　关于鳍足目动物起源的单源论（一个祖先）和多源论（两个祖先）

开一个重大秘密的关键。而海豹科（海豹和象海豹）在坚硬的地面上只能使用前鳍来移动身体，就像履带一样在地面上匍匐前进。如果我们想更快地区别这海狮科和海豹科，我们可以观察这些特征：

如果有耳朵，并且用4个爪子（不好意思，是4个鳍）活动，那就是海狮；如果没有耳朵，并且在地面上匍匐前进，那就是海豹，更有可能是象海豹[①]。

这个区分方法一定会让我们技惊四座的。

最早的海豹出现在距今约1000万年前，从早期鳍足目动物到海豹的演变过程中，发生的改变并不多。海狮科在最初的600万年中进化缓慢，逐步向种类多样化演进，在最后的300万年中海狮科的多样化呈爆炸态势。

不带行李的马德普拉塔之旅

第一批越过赤道到达南半球的海狮是原型海狮[②]。距今

① 至少是生活在南极的一种海豹，有时它们会在南极辐合带以北迷失方向，徒劳无功地巡游上千千米（甚至可能会到达巴拉那萨拉特－布拉佐湖港口或者里约河沿岸）。

② 我将目前所有海狮的祖先称为原型海狮。

约 500 万年前，原型海狮进化出了所谓的毛皮海狮（它们的皮对制革业来说极具价值），也称海狗或海熊。这个特殊的类别逐渐分化出 7 种不同的海豹，都分布在南半球。根据现代生物分类系统，有近亲关系的种被划分为同一属。因此，南半球 3 种亲缘关系较近的毛皮海狮被划归到毛皮海狮属，分别是南美毛皮海狮（分布在南美洲）、幅北毛皮海狮（分布在亚南极地区，身体灵活）、南极毛皮海狮（生活在南极地区，但是科学家们对这一种群的研究是从一只在热带地区被捕获的海狮开始的）。海狗属动物原本生活在北方，但是南迁之后十分适应南方的生活环境，数百万年之后，属于海狮亚科的 5 个物种（见附录 1）追随它们的步伐向南迁徙。海狮亚科动物穿过麦哲伦海峡从太平洋到达大西洋，我们在马德普拉塔市的港口、布宜诺斯艾利斯省克肯镇的港口、瓦尔德斯半岛及巴塔哥尼亚海岸都可以看到它们的身影。这一种群的学名是南海狮。

总之，地球上的任何动物都有一段漫长的进化史，海洋哺乳动物并不是其中的特例。现在我们所认识的动物都是很久以前从远方来的客人。

生活在拉普拉塔河入海口附近的海狮曾经是殖民者们重要的蛋白质和脂肪来源，至今也仍然流传着早期殖民者于 1515 年在乌拉圭罗伯斯岛和布宜诺斯艾利斯省沿海对海狮大开杀戒的故事。胡安·德·加雷在他编撰的史书中提到，1582 年，在阿根廷沿海地区生活着大量海狮。加雷沿着萨拉多河航行，到达现在莫戈特斯角灯塔以北的地区。那儿栖息着大群海狮，罗伯利亚县因此得名①。

罗伯利亚县因海狮得名②是事实，但是，海狮群当时到底在哪里呢？来自西班牙和英国的航海者③给沿海各地所命的名字常常是混淆不清的（同一个地点，有人认为应称为“岬”，有人认为是“角”），因此马德普拉塔市的科瑞恩特斯海岬实际上是没有受到洋流作用的角，而同处一个城市的莫戈特斯角则是在洋流冲刷下形成的岬角。这是历史文献和人类记忆模糊不清造成的结果。但是，暂时把这些地名的起源问题放在一边，在 19 世纪末和整个 20 世纪，阿根廷沿海分布着大量海狮是一个事实。

---

① 在西班牙语中，“罗伯利亚”意为“海狮群”。

② 海狮科因为和非洲草原上生活的狮子有一定相似性，特别是雄性都有大量鬃毛，所以被称为海狮。海狮科可分为海狮亚科和海狗亚科，在“海狮”与“海狗”两个名词的使用上有时会出现混淆，我建议大家使用拉丁语学名。

③ 在审阅本书的最终版本期间，我有幸与迭戈·罗德里格斯交谈过一次。交谈过程中，我忍不住向他提出了关于那些航海者国籍的疑问。

海滨城市马德普拉塔有许多美丽的地方，其中之一就是渔港，在那里可以观赏到成群的海狮聚集在渔船之间。但是，渔民与海狮之间爆发过一场战争。战争的起因是海狮开始抢占渔船的甲板，破坏渔网和环境卫生。渔民向政府提出申请，希望政府对海狮展开屠杀、清理行动。但是由于科学家们提出了一系列反对意见，政府最终没有批准该申请。科学家们对外宣称，如果清除了这一批海狮，原本居住在港口外岩石区的海狮就会趁机进入海港。科学家们没有说明的是：这些海狮属于另一个种类，永远也不会到海港里面来……不管通过什么方法，解决这个矛盾非常有利于维持港口的生态平衡[①]。然而，渔民与海狮的矛盾依然存在，海狮仍然会撕破渔网，偷走渔民的部分劳动成果。暂且把人类与海狮的矛盾搁置一边，这些渔民一定见过马德普拉塔市中心那两座巨型海狮雕塑，它们矗立在那儿，铭刻着马德普拉塔人从建城之初就与海狮建立起的亲密关系。

---

① 马德普拉塔大学的理查德·巴斯蒂达和迭戈·罗德里格斯共同撰写的文章里详细地讲述了这个故事（revista *Vida Silvestre*，n° 82, pp.14–19; 2002）。

“迪谢波洛那时说的是有道理的！”

20 世纪，一个吵吵闹闹、热火朝天的旧货商店！

——恩里克·圣托·迪谢波洛（国籍不详），《旧货商店》

海狮一直以来都是人类的猎杀目标。南美原住民捕获海狮的方式被认为是合理利用可再生自然资源的典范，而侵略者和殖民者的所作所为却与原住民大相径庭。对海狮的屠杀始于西班牙人到达南美大陆之时，并持续了近 500 年。19 世纪下半叶和 20 世纪上半叶，对海狮不加区别的屠杀开始进入工业化阶段，政府也在没有经过任何科学调研的情况下支持对海狮的开发利用。这使南美沿海的海狮数量大幅下降。20 世纪 60 年代，阿根廷进行了最后几次猎杀海狮的活动（不包括那些秘密的偷猎活动）。20 世纪 90 年代初，乌拉圭海岸的猎杀活动基本停止。分布在南美洲的海狮在人类的疯狂捕杀中大量死亡，而人类对海狮过度捕杀造成的后果是显而易见的：1937 年马尔维纳斯群岛生存着 40 万头海狮，而到 1966 年，海狮数量已骤降到 3 万头。1917 年至 1953 年间，阿根廷的瓦尔德斯半岛是海狮产业的中心，但从 1953 年开始就不再有关于这一经济活动的公开记录了。在这期间，共有 268602 头海狮被捕杀。仅 1936 年一年，人类就捕杀了 20331 头海狮，其中包括怀孕的雌性海狮、幼年海狮和成年雄性海狮。[①] 乌拉圭每年捕杀的南海狮数量比较有限，但是捕杀南美毛皮海狮的规模十分巨大，甚至构成了整个海狮产业的基础。[②] 乌拉圭在开展海狮贸易的最后十几年中，为了获取经济价值更高的商品，海狮产品的开发逐渐走向多样化。[③] 这种做法的好处在于使海狮的捕杀量从 2 万头下降到 5000 头。乌拉圭的传统海狮产业以优质的海狮皮为基础，制造高质量皮衣。在殖民时代，海狮的皮下脂肪还被作为燃料。同一时期，海狮睾丸被作为药物在东方市场（以及南美洲的亚裔聚居地）销售。海狮睾丸贸易和这个种群的繁殖方式使得人类主要针对雄性海狮展开捕杀活动。最后，海狮产业带来的经济效益逐渐缩水，随之走向衰落。

在叫停商业捕杀之后的一段时间内，阿根廷的海狮数

① Claudio Campagna y Luis Cappozzo, *Vida Silvestre*,n°19,1986,pp.19-21.

② 乌拉圭政府曾经每年组织一次针对海狮的捕杀活动，直到 1991 年这个活动才被叫停。我作为一名生物学家，在乌拉圭渔业部门技术办公室的邀请下，观摩过一次这种活动。我不得不承认这是一出我一生都难以忘记的充满讽刺的闹剧。

③ 我永远感激我的乌拉圭同行们，特别是马里奥 · 巴塔耶斯，曾经邀请我参观罗伯斯岛并在那里工作了两年。

量较为稳定。从二十世纪七八十年代开始，海狮数量呈每年持续增长的态势[①]，在阿根廷海沿岸的增长尤为明显。

阿根廷沿海重新出现海狮群是海狮的一次回归，它们回到了同胞们过去生活的地方。除了我提到的马德普拉塔海港的海狮群（约 500～600 头）以外，在向南 100 千米以外的克肯港也出现了海狮群（约 100～150 头）。马德普拉塔海港以发展渔业和旅游业为主，克肯港则是一个粮食转运港，这里储存着大量粮食并由船只送往世界各地。克肯港还有一支用刺网进行捕捞作业的船队。这两地的海狮皆为雄性，它们与居住在乌拉圭和巴塔哥尼亚（内格罗河和丘布特省）的雌性海狮群一直保持着联系。布宜诺斯艾利斯的海狮聚居地就是两性海狮进行交流、融合的地方。因此，不管对港口相关利益方会造成多么大的不便，我们都必须寻求一个让海狮与人类和谐共处的方法，而正是在港口和海滨城市这样人口密集的地方，这个问题显得更加棘手，也更加紧迫。对于居住在乌拉圭和阿根廷的海狮群来说，这些港口是它们维持稳定发展、优化丰富种群基因的基因库。

---

① 来自巴塔哥尼亚国家中心的恩里克·克莱斯珀及其团队在近 25 年中进行了多项研究，印证了这一说法。

第二章

如果有一天，我们见到一只海豹用嘴把雏菊拱成一堆，或是吸烟，或是自言自语，或是用尾巴写字，赶快给医生打电话：这儿有一只疯了的海豹。

——玛丽亚·爱琳娜·瓦尔什（国籍不详），

《疯狂动物园》

我们来揭露一个可怕的秘密：那只疯狂的海豹其实并不是海豹

在上一章中我们回顾了海洋哺乳动物的进化史。研究生物进化史是一项复杂但必要的工作：海洋哺乳动物到底从哪里来？是怎样的机制推动了生命的演化，使最原始的细菌逐步进化成一只蓝鲸？

现在，我们可以进一步深入海洋哺乳动物的奇妙世界，去了解这群海洋霸主（比英国皇家海军还要强大的霸主）的秘密了。我们从被保护得最好的秘密开始，一旦这个秘密被公开，人们一定会感到自己此前被深深地欺骗了——每个人小时候一定都读过一本以马戏团的海豹为主角的童话故事书，但事实上，那并不是海豹，而是一只海狮！[①]

海豹科、海狮科和海象科共同组成了鳍足目（见图 2-1 及附录 1）。目是现代生物分类系统七个级别（界、门、纲、目、科、属、种）中的一个。这个系统将具有共同特征的生物划为一个类别，只有细化到“种”这一级别，生物才具有其他物种所不具备的独特特征。例如，所有的哺乳动物都属于哺乳纲，因为它们具有一系列相同的生理特征，比如只有一块颌骨、采用哺乳的方式喂养幼崽、身体恒温（有能力保持体温稳定）。我们在任何哺乳动物身上都可以找到这些特征，不论是海象、蝙蝠、鼹鼠，还是海豚、美洲豹、犰狳。

所以，科学家们用“鳍足目”来对符合条件的动物进行归类。归纳到这一目中的动物具备了它们所属的目、纲、门、界范畴的所有特征，具体来说，就是它们都属于鳍足目、哺乳纲、脊索动物门（具有脊索的动物）、动物界。但是鳍足目动物有两个独一无二的生活习性，这是其他哺乳动物没有的：它们在海洋中捕捉食物，在陆地上生育、喂养后代。从这个角度上来说，它们仍与自己的祖先保持着一

① 是的，非常遗憾，我们看到的许许多多的号称是海豹的动物其实都是海狮。除了《海豹萨米》中的冒牌海豹以外，海狮还常常顶着海豹的名头出现在马戏团的广告海报上，或是童话故事书的插画中。

定的关联。海豹、海狮、海象被划分为3个科（见图2-1），其中包含了18个属、34个种。

鳍足目动物绝大多数生活在海洋中，只有分布在亚洲贝加尔湖的海豹生活在淡水水域。它们以鱼、章鱼、螃蟹和其他海洋生物为食，生活习性和其他哺乳动物大不相同：鳍足目动物比训练有素的潜水员更加擅长在水中行动，甚至比鱼类更加灵活迅速（所以鱼类常常成为它们的盘中餐）。此外，它们的身体呈纺锤形，四肢已经进化为鳍，十分便于在水中活动。显然，鳍足目动物已经从生理、形态、生态及生活习性四个方面完全适应了海洋生活。很多种类的海豹都可以远离陆地，在海洋中持续生活几个月。

在阿根廷境内的阿根廷海沿岸及南极洲，生活着4种海狮（其中一种是真正的海狮，其他的是毛皮海狮）和5种海豹（其中一种是南象海豹）。

也许是受到儿时看过的动画片的影响，许多人可以辨认出海象（这个推断只适用于40岁以上的读者）①，我们

① “海象巴布罗，拜托，请放过那只企鹅吧！”非常有意思的一点的是，这部有些年头的动画片非常喜欢把生活在北半球的海象和生活在南半球的企鹅安排在同一环境中。我的天啊，蝙蝠侠！这些企鹅人要在哥谭市干些什么邪恶的勾当？我们去通知戈登警长让他来维持国际野生物种交通委员会规定的秩序吧！

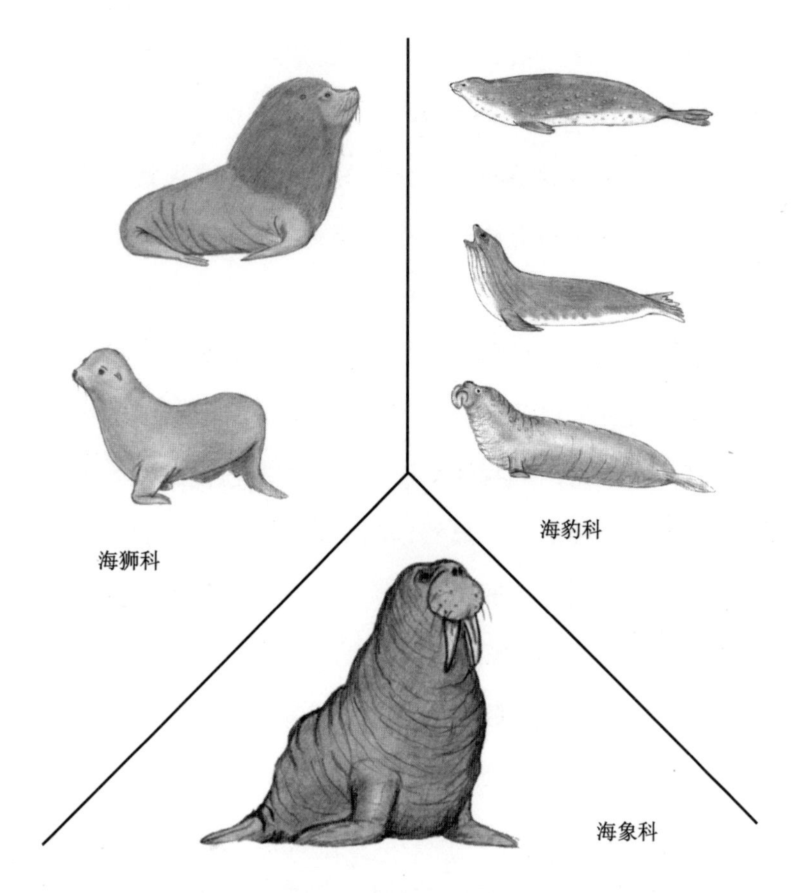

图 2-1　鳍足目三科分属示意图：海豹科、海象科、海狮科

也可以通过电视纪录片或它们标志性的巨大尖牙辨认出这类性格温和、体形肥硕的动物。我们刚刚提到过海豹这个物种因《海豹萨米》和马戏团的海报而被大众所熟知；我

们也明确了，它们实际上不是海豹，而是海狮。有必要强调一下，这两种动物之间的区别不是微不足道的，它们之间的区别就相当于猫和狗之间的区别。海豹在坚硬的地面上只能靠前肢移动身体，所以看起来像在爬行，它们在水中的行动力比在陆地上强得多；海狮在地面上则是用 4 个鳍配合活动，甚至可以非常快地奔跑。

年年岁岁，同一个地点，同一个时间

……为了和你一起唱歌，
在咸咸的海边唱一首，
在我们的嘴唇上落下灰烬的歌……

——［西班牙］安东尼奥·马查多，《桃色清单》

在1957年拍摄的好莱坞经典电影《金玉盟》中，加里·格兰特和黛博拉·蔻儿饰演一对情侣，他们在一艘横渡大西洋的游轮中相遇并且约定了第二年的同日同时在纽约帝国大厦的观景台相见。然而，女主角因为急于赴约，过马路时发生了交通意外，没能到达约定的地点……虽然发生了一系列令人悲伤的故事，但是最终男女主角还是获得了圆满的结局，走到了一起。但是，对海洋哺乳动物来说，它们每年同一时间都要赶赴同一地点参加的"约会"，只是荷尔蒙、行为习惯、生殖方式共同作用的结果，完全没有电影中的浪漫。海洋哺乳动物都有一个类似加里·格兰特和黛博拉·蔻儿的故事，但是它们的故事与繁育后代有关：它们在生理上已经习惯了每年同一时间（至少是同一时节）前往同一地点进行交配并且繁育后代。

从生物进化的角度来说，所有动物生存的主要任务就是尽可能多地繁育后代（同时尽量不要变成人类的盘中餐）。研究交配制度（独立成对的，集群性的，季节性的，等等）是研究动物生育行为的一种方式。科学家们针对动物行为开展的科学研究发展得非常迅速，其中就包括对动物生育行为的探索。我们所说的生育行为包括有性生殖的动物在交配、繁殖、养育后代的过程中产生的一切行为。这些行为模式甚至包括动物在求偶过程中展示出的极强的表现欲和带有仪式性质的舞蹈。那些色彩缤纷的鸟类在求偶时的表现尤为亮眼，会震撼任何一个没有思想准备的观众。研究海豹、海狮和海象如何选择交配对象是一个十分有趣的课题，这与它们的生存环境有很大关系（它们一般生存在冰面、岛屿或者海滩上）。不同种类的海狮、海豹生存环境不同，雌雄两性间的差异也不同。但是一般来说，雄性个体都比雌性个体更加壮硕。接下来我们要看看鳍足目动物的爱情故事了，我保证一定会是“值得铭记”的故事。

不会呱呱叫的水陆两栖动物

鳍足目动物是哺乳动物中一个很特殊的群体，这一目中不同种类的动物繁育后代的方式、策略各不相同，适宜于它们繁殖后代的环境气候也多种多样，因此，地球上（从赤道到两极）分布着它们的繁殖区。这给我们提供了一个极好的机会来研究生态环境对鳍足目动物交配制度的影响。我们已知，鳍足目动物从陆生食肉动物演化而来，它们为适应水陆两栖的生活做出了诸多改变。我们要记住，在太平洋东部沿岸的某些地方，曾经居住着一种生活在海洋与陆地之间的动物，经历 2500 万年的进化，它们已经可以在水中自在畅游、捕食了，甚至没有任何竞争对手（除非有早期鲸类进入它们的领地。但鲸类的食谱与它们不同，所以不会发生争夺食物的情况）。

那小伙子真帅！

我的灵魂啊，

请给我你的吻，你的吻里

有海水的咸味，

有土地的甜蜜，

有天空的唇瓣滋润过的芬芳，

有冬天的大海

那神圣的宁静。

——［智利］巴勃罗·聂鲁达，《一百首爱情十四行诗》

追溯鳍足目动物的进化史，从一方面来看，它们保留了祖先的一些特征，最重要的一点就是它们继续在陆地上繁衍后代；从另一方面来看，它们都为适应海洋生活做出了生理上、形态上以及行为方式上的改变。它们在海洋中捕食鱼类、无脊椎动物，甚至其他海洋哺乳动物，比如豹型海豹就会捕食体型较小的海豹。它们中的某些雄性为了与同类争夺领地和交配机会可以两个月不离开陆地，也就是说，它们在这两个月中都无法进食。为了具体说明鳍足目动物雄性个体为获得繁殖机会而付出的巨大努力，我们先来看一看南美海狮的例子。

成年雄性南美海狮体长可达 3 米，体重可达 350 千克（雌性南美海狮平均体长 1.8 米，体重约 100 千克 ~200 千克）。每年第一批海狮幼崽约在 12 月底出生。雄性海狮出生时体长和体重就超过雌性，这说明雌性和雄性海狮在出生前体型大小就是有差异的（即两性异形）。雄性海狮幼崽出生时体重约 14 千克，体长约 83 厘米；雌性海狮幼崽体重约 12 千克，体长约 78 厘米。成年雄性和较早到达的成年雌性海狮会保卫它们的生育领地。我们在上文中提到过，雄性海狮可以在 2 个月内不吃不喝，一心一意地守护自己的领地。它们的耐力大小直接影响到交配的成功率。它们在领地待的时间越久，与雌性海狮接触的机会就越多，获得的交配机会也就越多。我们祝福它们都能子孙满堂，但不是每头雄性海狮都会梦想成真。

我们继续来看海狮……

让我们来想象一下这样的场景：一只 300 千克重的雄性海狮，粗壮的脖子下掩藏着厚厚的皮下脂肪，它在海滩上驻守数周，一边尽可能多地尝试与雌性海狮交配，一边保卫它在海滩上占据着的优越的领地（一般是方便入海的地方，或者是繁育区的中心地带）。

陆地上的海狮群规模大小不定，成员数量从几个到几百个、几千个不等。它们看起来其实有点像来海滩上度假的人……这些人胡吃海塞，在致癌性很强的紫外线照射下潜水，还会为了保持好身材而做些不可能完成的运动。海狮和海豹也会尽可能多地摄入食物来积累脂肪，保证自己能够应对在繁殖期中巨大的体能消耗。

海狮、海豹和海象代表了不同类型的交配制度（见附录3)。在许多物种中，一个雄性个体会占有多只雌性个体（一雄多雌制），雄性个体的体型也会大于雌性个体（两性异形）。但是，分子基因技术推动了动物行为学的发展，也打破了“雄性是超级霸主”的神话。南象海豹和某些其他种类的海豹领地意识非常强，一般来说，一头庞大、强壮的雄性个体会霸占一大片海滩和多头雌性个体（有时可能超过一百头）。以前它们一直被认为是成功的雄性、骄傲的父亲，但是科学家们借助基因技术深入研究发现，虽然一头雄性海豹可以控制一大批雌性海豹，但这些雌性海豹分娩出的幼崽大部分都与这只雄性海豹没有血缘关系，幼崽们的爸爸是另一些身份不明的海豹！我们常说“咬人的狗不叫，叫的狗不咬人”，就是这个道理。这只可怜的雄性海豹在繁育期所做的一切努力都是徒劳的。另外一些物种实行一雄一雌制（即一个雄性个体只同一个雌性个体交配），雌雄两性在外形上差异很小（体形大小相同）。毫无疑问的一点，动物在社会行为和生育习惯方面的进化受到两个因素的影响：一个是周围环境，一个是它们的祖先的生活习性。

现存的33种鳍足目动物中，有20种在陆地上分娩，地点可能是布满岩石的海滩或岛屿，其余13种在冰面上繁育后代。大多数的雄性海狮和海豹在一段繁育期内都会与多头雌性交配。多数鳍足目动物都在陆地上交配，但是也有一些种类选择在海水中交配。雌雄两性之间会传递这样的信息：“看啊，那个壮小伙控制着325平方米的领地，里面有餐厅，有6块带水塘的阴凉地，退潮时十分方便入海，有潮湿的沙子，有露天阳台。你再看看他那粗壮的脖子和胸部强壮的肌肉……他的力量肯定足够掀翻一艘船！”它们还会说：“小姐们，走过路过不要错过！看看这肌肉，这皮下脂肪，这尖牙，它多么勇猛！”这一系列的“信息”是性选择（见附录2）的产物。性选择是推动生物进化的另一机制。但是，雄性为了保护领地和雌性，必须一直不停地同竞争者搏斗，这需要消耗巨大的能量。还有一些种类的雄性的领地甚至扩张到了海洋中。因此，雄性必须保持身体强壮，厚厚皮下脂肪是它们御敌制胜的关键。

英俊敏捷的战士

如果只是简单地观察海洋哺乳动物的行为，我们应该会认为它们跟其他哺乳动物一样，雌性必须服从雄性的管理和支配。雌性海洋哺乳动物一般一胎只生一崽。在两性异形动物中，雄性个体的行为更加引人注目。雌性可以根据雄性的某些特征（这一只是个帅哥，这一只是个丑八怪），在一定程度上选择交配对象。这种现象被称为“雌性选择”，是达尔文物种进化论里性选择的两大机制中的一个。性选择可以随着时间推移促进物种进化。

夏季来临时，成年雌性海狮会前往繁殖区产下幼崽。雌性海狮到达生育大军聚集的海滩之后，将在一到两天内分娩。新生的幼崽是前一年夏天受孕成功的，此时已经在母亲的子宫中度过了一年的时间。海狮、海豹每年在同一时间返回同一地区进行繁殖的生育策略已经演变成了一种生物钟，这个节律可以帮助它们保存体力，更好地照顾新生儿和即将在次年出生的幼崽[1]。它们为什么可以如此精确地计算时间呢？为了解释这个现象，我们要继续讲述怀孕的雌性海狮在南半球夏季到来时前往繁殖区生育幼崽的故事。

雌性海狮在夏初时节从海洋返回陆地，它们需要24～48小时来分娩幼崽（这些雌性海狮成功受孕的地点很有可能就是现在分娩的海滩）。幼崽出生以后，雌性海狮要做的第一件事就是嗅闻幼崽的身体，以便母子双方都能够记住、辨别对方的味道，然后雌性海狮会对着幼崽大声叫，让幼崽记住它的声音，幼崽也会发声回应自己的母亲。分娩7天以后，雌性海狮就已经做好再次受孕的准备了，这时它们会开始接受雄性海狮的求爱（它们会选择行为最引人注目的求爱者）。受孕两天后，雌性海狮告别它的孩子，返回海洋中觅食（截至此时，它已经12天没有摄入任何食物了，在这段时间里，它生育、照顾幼崽，为了保护自己的孩子还与其他海狮发生了比较激烈的冲突，早已饥肠辘辘）。在哺乳期间，雌性海狮间歇性地返回海洋中觅食，每次需要两三天时间。在捕食期间，它需要尽可能多地摄

① 这种被称为胚胎滞育，也就是说，子宫中的胚胎发育暂时停滞，经过一段时间以后再恢复生长。

入食物，保证自己有足够的能量来照顾、哺育幼崽。这种哺乳方式可以有效延长哺乳期，使雌性海狮有更多的时间、更好地照料自己的孩子。有些品种的海狮哺乳期长达 12 个月。海象的哺乳期可能更长一些，海豹的则比较短。

那些黑色大衣

在大多数的海洋哺乳动物（以及大多数的哺乳动物）中，都会存在一个比较叛逆的群体，它们年龄相仿，与喜欢群居、和睦相处的其他年龄层的同类格格不入。这个群体一般由处于青少年时期的雄性构成。普遍来说，动物的性成熟早于行为成熟。换句话说，大多数雄性哺乳动物在能够产生成熟精子的时候，还远远没到有能力靠近雌性、吸引雌性与它交配的年龄。我们把南美毛皮海狮称为“黑色大衣”，是因为它们有皮毛并且非常强壮。南美毛皮海狮中体型较小的未成年海狮创造了一种与成年海狮完全不同的交配手段：它们集结成小群体（成员数量从 4 头到 40 头不等），埋伏在繁殖区周围，等待着机会强迫某头雌性海狮与它们交配。它们会在雌性海狮从海洋返回海狮群的路途中拦截雌性海狮，或者在远离成年雄性海狮的地方逼迫雌性海狮做它们的“情人”。它们一般选择躲在乱石突起、有一定坡度的地方，便于实施伏击。这些小团体强迫雌性海狮与幼崽分离，甚至强行抢夺雌性海狮或者幼崽。在一些地区，海狮群中的这种现象造成的死亡占该群体每年总死亡量的1%~2%，这在一定程度上导致海狮内部结构重置。

海狮们还有另外一些繁殖后代的策略，只是实施起来成功率比较低。比如，一些雄性海狮会在雌性海狮往返于海洋与陆地之间时伺机拦截它们，还有一些雄性海狮会在靠近繁育区的地方与雌性海狮进行一对一的交配，建立“一夫一妻”的关系。各个繁殖区的地形地貌、气候条件不尽相同，即使是同一物种的雄性，也会根据自己所处的生存环境发展出不同的繁殖策略。在有些地区，雄性会直接占有、保护处于繁殖期的雌性（有些可能已经受孕）。在另一些地区，成年雄性则通过保护领地、占领雌性感兴趣的资源来吸引雌性，比如说水塘或阴凉地（两者在炎热的夏季是非常有吸引力的）。水塘就像一个小型游泳池一样，天气炎热时，动物可以到这里来避暑乘凉（正午或者其他气温较高的时候，雌性海狮会大规模地前往水中避暑，场面相当壮观）。

喜悦只属于那些“热带人”

生活在温带地区的海豹的交配制度与生活在热带地区的海豹相似，但是与生活在两极地区的海豹完全不同。海豹的居住地距离赤道越近，它们的繁殖期就越长。某些种类的海豹（特别是居住在热带地区的）繁殖期没有季节性，全年大部分时候都可以生育。与此相反，生活在两极地区的海豹繁殖期十分短暂，每年仅有几周时间。这就好比巴西或者其他热带地区的人们一年到头都可以欢乐地载歌载舞，而潘帕斯地区的高乔人很少在秋冬季节唱民歌，他们的音乐也更加忧郁悲伤（但是他们的民谣并不会因此而失去魅力）——多变的生态环境也影响到了我们的音乐。

海豹在冰面上繁育后代，由于它们的生育环境对人类来说十分危险，所以我们对它们的生育方式的了解非常有限。生活在冰面上的物种一般不会大规模地群居，而是每个个体围绕冰面上的一个洞口在一定范围内活动。它们会用冰刀般的牙齿使这个洞口一直保持敞开，这样就可以随时潜入海中捕食。此外，在这个洞口周围的海底生存着大量海星，它们以海豹的食物残渣为食。也就是说，海星与海豹是共生互助的关系，海豹一方面接受海星的帮助，一方面为这些难以计数的小生物提供营养物质。

如果某一物种的雄性体型大于雌性，在繁殖后代时，雄性就能控制（或试图控制）多个雌性并与它们交配。雄性重点保护的对象是处于发情期的雌性，为了它们，雄性不惜与其他竞争者展开激烈的斗争。

雄性完全不会分神去照顾幼崽，在繁殖期，它们把所有的时间都用来尽可能多地与雌性交配。相反，雌性几乎把所有精力都花费在照顾幼崽上，尽管有明显的证据表明，如果它们精心选择一下伴侣的话，繁育的成功率会大大提高。雌性不会浪费时间去展现自己的魅力，只在选择交配对象时才会变得有攻击性，可能为了争夺某些具有特殊吸引力的雄性而与其他雌性发生冲突（它们采取的冲突方式一般不太明显）。雄性之间的斗争一直都是非常激烈的，它们低沉的吼叫和身体相撞发出的声音会让最勇敢的生物学家胆寒。

海狮科（包括海狮亚科和海狗亚科）动物实行一雄多雌制，具有两性异形的特点（雄性的体型可以达到雌性的三四倍）。在成年多配偶性哺乳动物中，拥有庞大的体型对雄性个体来说更为重要。在海狮和毛皮海狮群体中，雄性之间需要为领地和雌性展开竞争，强有力的身体是取得成功的关键因素之一。因此，自然选择倾向于保留体型更为庞大、更有竞争力的个体，这样的个体有机会繁衍更多后代，甚至能在一定程度上达到对雌性海狮的“垄断”。从雄性海狮的角度来说，一雄多雌制通过两种方式实现：一是保护一定数量的正处于排卵期的雌性海狮，这样一旦交配，雌性海狮就可以受孕；二是保护领地，领地尽可能靠近水源，因为水源可以帮助海狮降温，也可能有阴凉处让海狮得以躲避太阳照射。

去喝奶吧！

海豹、海象和海狮都是哺乳动物，也就是说，它们一出生就依靠母乳喂养。母乳一直以来都被认为是喂养幼崽的最佳选择，是哺乳动物生长发育过程中重要的营养来源。母乳能够为幼崽第一阶段的成长提供必要的营养物质，帮助幼崽提高自身免疫力，充分满足幼崽的各项需求。鳍足目动物的乳汁与其他哺乳动物不同，其中的脂肪含量极高（鲸和海豚的乳汁也有这一特点）。海豹和海狮的幼崽在成长初期完全依靠母乳生存。鳍足目下的 3 个科的动物（海狮科、海豹科、海象科）哺乳期的长短差距很大。所有哺乳动物中哺乳期最短的就是冠海豹，它们的哺乳期只有4天。这种海豹生活在北大西洋深处以及格陵兰岛、加拿大及其他地区沿海的冰面上。海象则是另一个极端，它们哺乳期长达两年。除了哺乳期长短不同，这3种动物采取的哺乳策略也不同。

雌性海豹（包括雌性象海豹）能够囤积大量的营养和能量，它们把积累的营养物质转化为厚实的皮下脂肪，为繁殖期巨大的能量消耗做好储备。它们哺乳期较短，为4～50天。哺乳期间，海豹妈妈完全不进食，全心全意照顾幼崽，就像一个巨型喂奶器。海豹妈妈也会一直陪伴在幼崽左右，直到哺乳期结束。

在哺乳期中，海豹幼崽体重迅速增长，海豹妈妈则把大部分脂肪储备都转化成了乳汁和维持身体正常运转的能量，体重明显下降。而海豹妈妈在给幼崽断奶时毫不拖泥带水，它们会果断地把小海豹留在海岸上，自己去海洋中觅食。

不同种类的海豹哺乳期长短差异也很大。比如，冠海豹的哺乳期仅有4天；象海豹的哺乳期为23天；地中海僧海豹的哺乳期则超过10个月，甚至能达到1年。这种差异与海豹的进化史和它们的生活环境有关。然而，所有的海豹（除去一些特例）都有两个共同点：一个是哺乳时间非常紧凑，一个是幼崽断奶没有过渡期。小海豹断奶后将一直忍饥挨饿，直到它们有能力自己捕食。为了继续生存，小海豹必须掌握潜水和捕食两种技能。

海象的哺乳方式与海豹不同，它们的哺乳期也更长一些。海象幼崽长期跟随在母亲身边，即使离开了出生地，海象妈妈也会继续照顾幼崽。从出生开始，小海象的食谱中就不仅有母乳，还有各种食物，因此，海象断奶是一个循序渐进的过程。这就造成在某些情况下，海象的哺乳期会超过两年。

图 2-2 成年雄性南象海豹

图 2-3 海象

海狮和海狗采取了与众不同的哺乳方式：海狮妈妈能够辨认自己的幼崽，因此在哺乳期间，它们可以定期离开陆地，花两天半到三天的时间去海洋中捕食。这个方式非常有趣，原因有两个：第一，雌性海狮不需要把所有精力都花费在照顾幼崽上（雌性海狮用一年的时间孕育胎儿，分娩，照料幼崽，给幼崽哺乳）；第二，采取这种哺乳方式要求雌性海狮和幼崽可以辨认出彼此，具体来说，雌性海狮和幼崽可以通过彼此的声音和气味辨认出对方。雌性海狮的声音与牛的叫声类似，而海狮幼崽的声音则像小猪一样。

这个哺乳方式最直接的影响就是，雌性海狮可以周期性地返回海洋中捕食，补充能源储备。这使得海狮的哺乳期延长至 4～12 个月。海狮幼崽在自己入海捕食之前不食用除母乳以外的其他任何食物，因此，母乳是幼崽存活、成长的基本保证。

海豹的乳汁浓度最大，脂肪含量也最高；此外在哺乳期间，海豹妈妈会一直守护在幼崽身边，随时提供乳汁。所以海豹幼崽生长发育非常迅速，体形很快就变得十分庞大，海狮和海象的幼崽相对来说成长得要缓慢一些。与处于哺乳期的海豹相反，雌性海狮在哺乳期间可以回到海洋中觅食，以此恢复体力和体重。海豹的哺乳方式使得它们必须居住在离海岸较远的冰面上，只有这样，它们才能下潜到足够深的海域捕获足量的食物；而海狮捕食的海域离陆地上的海狮群更近，下潜的深度也较浅。

父亲节快乐！

显然，在哺乳动物（比如海狮、海豹）中，照顾幼崽的工作一直由雌性负责。那些体形庞大、攻击性极强的雄性唯一的目标就是尽可能多地与雌性交配，它们通过吼叫或者肢体冲突来与其他雄性争夺雌性资源。之前我们提到过，达尔文提出了性选择理论，这一机制是推动生物进化的重要力量。雄性动物在繁育后代的过程中扮演着怎样的角色？海洋哺乳动物是否也庆祝父亲节？我们不能从人类的角度来评判雄性动物是否履行了父亲的责任，更何况人类男性在繁衍过程中扮演的角色也曾在自然选择的作用下经历了一系列演变。

动物们需要在同类中认定交配对象，并确保它们的后代在多种多样的环境机制作用下得以存活。它们利用交配制度这一机制的目的是在繁育后代上取得尽可能大的胜利，换句话说，就是在条件允许的情况下尽可能多地繁育后代。这个机制有三种模式：一雄一雌制（一个雄性仅与一个雌性交配），一雄多雌制（一个雄性与尽可能多的雌性交配，比如海狮和某些种类的海豹），一雌多雄制（一个雌性与尽可能多的雄性交配）。

首先，我们以麦哲伦企鹅为例来解释说明动物界的一雄一雌制。麦哲伦企鹅实行一雄一雌制（两个个体一旦建立伴侣关系，就会终生相伴），两性之间在体型等方面没有明显差异。雌性企鹅和雄性企鹅共同承担养育小企鹅的责任。其次，生活在瓦尔德斯半岛的南象海豹则是一雄多雌制的极端例子，一头成年雄性阿尔法海豹[①]能够把一百多头雌性海豹控制在自己的领地中，却不用费心照料任何一个孩子。最后，我们来看一看动物界的一雌多雄制——南美鸵鸟（鸵鸟的美洲亲戚）。它们颠倒了两性的角色，雌性鸵鸟必须守护其所占据的广袤的领地，并为了赢得与雄性鸵鸟交配的机会而与同性鸵鸟竞争。在这种情况下，雄性鸵鸟负责孵化、喂养雏鸟。

然而，动物界中最普遍的情况仍然是雄性为夺取交配权而相互竞争，同时雌性在一定程度上有权选择交配对象。在具有这一特点的物种中，雄性只提供精子，不参与照顾幼崽。雌性则要花费大量的精力来完成受孕后的各项工作，

① 所谓的“阿尔法（希腊字母 α）海豹”是指那些控制着一批雌性海豹，并阻止其他雄性靠近其领地的雄性海豹。但是事实上，这些阿尔法海豹并不会取得太大成功，因为它们繁育后代的“平均成绩”总是远远低于预期。

就像我们看到的海洋哺乳动物的例子一样，雌性不仅需要孕育胎儿，还需要哺育新生命。

总的来说，我们已经认识了交配制度的各种运行模式。在某一种交配制度中，不管是由父亲来照顾孩子，还是由母亲来照顾孩子，又或者是夫妻双方共同完成这项工作，两性都各自承担了它们应当肩负的责任。无论各个物种的交配制度都有怎样的特点，都是生物进化的结果。在繁衍后代的问题上，雌性和雄性的差异是非常明显的。达尔文首先意识到了两性在这一问题上的显著差异，并在 1871 年写下了对这一问题的相关研究（见附录 2）。

达尔文观察到的两性差异伴随动物的一生，从受精卵形成到生命体死亡。两性的生殖细胞（卵子和精子）大小不同，同一性别的个体（一般是雄性）会为争夺与异性交配的机会而互相竞争。一些物种的雄性进化出了以某些特定的生理特征、行为动作来吸引雌性，这样的例子不胜枚举：许多鸟类中的雄性拥有五颜六色的羽毛（孔雀是使用这个策略吸引雌性的典范）；雄性非洲象进化出了独特的身体结构，体形也极为庞大；雄性大猩猩背部长着浓密的毛发，它们还会一边高声吼叫一边拍打自己的胸部。所有这些都是动物们用来交流的信号，它们通过这样的方式来确认身份、识别同类、实现交配。在解决了交配的问题之后，它们还需要尽一切努力来提高后代的存活率。

我们怎么走回家？

大西洋西南沿岸分布着 3 种鳍足目动物，分别为南美海狮、南美毛皮海狮和南象海豹。它们主要居住在阿根廷、巴西、乌拉圭沿海。上述地区有时也会出现一些长期生活在南极和亚南极地区的鳍足目动物。这些动物会在春夏两季前往纬度较低的地区，有些甚至能到达巴西南部，比如豹型海豹、锯齿海豹、象海豹、南极毛皮海狮和幅北毛皮海狮。

南美海狮[①]分布十分广泛，几乎涵盖了南美洲的整个太平洋沿海和大西洋沿海。在大西洋沿岸大概生活着 11 万头南美海狮，主要聚集在巴塔哥尼亚地区。但是近期没有科学机构发布针对太平洋沿岸南美海狮种群数量的调查报告（虽然太平洋沿岸的海狮数量远远少于大西洋沿岸）。从

① 我必须承认我个人十分偏爱这个种类的海狮。我的朋友们都说我疯了，因为当我在海岸上接近这些海狮时，大部分海狮的尸体已经呈现出令人恶心的绿色，但是它们的气味并不会令我感到不适。

20 世纪 80 年代开始，科学家们在瓦尔德斯半岛上对这一物种的行为进行了深入研究。在上述地区，南美海狮的繁殖期从 12 月中旬开始，到次年 2 月中旬结束。一些地方全年都有海狮出没，已经演变为海狮的永久性聚居地；另一些地方只是海狮的临时繁殖聚居地，有处于繁殖期的成年雄海狮。12 月初，伴随着第一批成年雄性海狮的到达，临时聚居地开始逐渐成形，成年雌性海狮 12 月底才会到达聚居地，寻找今年的临时伴侣。

南美海狮是唯一一种居住在阿根廷境内的海狮。这个物种在英语中被误称为南海狮，但实际上，在新西兰和澳大利亚等南半球地区还分布着其他种类的海狮。南美海狮还有其他别名，比如南海狗、丘斯科海狮、贝卢卡海狮……在不同的地区，它们被发现者冠以不同的名字。为了避免名称混淆，科学界统一采用二名法（就像人类的姓名由姓

图 2-4　雄性南美海狮（左）、雌性南美海狮（右）

和名两部分组成一样）为生物物种命名。学名定义了物种所属的属和种，因此，不论是在阿根廷还是在北京自然博物馆，南美海狮的学名都是“*Otaria flavescens*”，意为“黄色的海狮”。

南大西洋的另一个代表性物种是南美毛皮海狮（或称双毛海狗[①]），在另一些地区也被称为海熊。这个物种的学名是“*Arctocephalus australis*”。南美毛皮海狮生活在南大西洋沿岸，主要分布在海洋一级生产者和二级生产者[②]富集的地区。关于这一种群中雄性个体的生育行为特点，我们必须要说的是：它们领地意识极强，在繁殖期内，通常是极少数的雄性个体垄断与雌性交配的机会。它们一般在离海面较近的陆地上或在海浪作用下形成的水洼中交配，水源有助于它们降低体温、缓解干燥。成年雌性体型比雄性小，对自己的出生地有很强的归属感（即所谓的归家冲动），它们很有可能每年都在同一块岩石上产下幼崽。南美毛皮

① 这种海狮被冠以这个名称是因为它们有两种毛发，外层毛发较长、较硬，颜色较深，内层毛发较为柔软。它们的主要价值就在于内层毛发。一旦去掉外层坚硬的毛发，海狮的皮连同内层毛发就成了制作高档皮衣的绝佳材料。

② 一级生产者是指通过光合作用制造营养物质的微生物集群，二级生产者是指以一级生产者为食的生物。

海狮幼崽一般在10月末至12月初出生，出生时呈黑色，体重约6千克，体长约70厘米。大部分海狮在出生时都是头部先出来，分娩耗时很短；也有部分海狮出生时是尾部先出来，这种情况会让分娩时间过长，过程也比较复杂、危险。科研人员在乌拉圭的罗伯斯岛上完成了对这一物种生育行为的研究。在巴塔哥尼亚，南美毛皮海狮的聚居地主要在位于丘布特省的拉萨岛，生活在那里的南美毛皮海狮数量占该物种在阿根廷全境总数量的60%。

第三章

没有人知道，有多少跃入大海中的海豚曾经是人，是智者，在波涛汹涌的大海带来的快乐中，忘记了自己的智慧和姓名。

——［美］厄休拉·勒古恩

鲸目动物：凶猛的海洋霸主

鲸目动物（见附录 4）是哺乳动物中一个特殊的群体，由鲸、海豚和鼠海豚 3 个种类组成。鲸目动物的祖先是陆生动物，它的进化历程约始于 6500 万年前。科学家们认为这个哺乳动物的特殊群体可细分为 3 个亚目：古鲸亚目，现已灭绝，只能通过化石进行研究；须鲸亚目，这一亚目所属的鲸没有牙齿，目前有代表性的种类约有 11 种，如露脊鲸、鳁鲸、座头鲸等；齿鲸亚目，包含了超过 70 种有牙齿的鲸，如虎鲸、海豚和鼠海豚等。

和鳍足目动物及其他海洋哺乳动物不同，鲸目动物的一生都是在海洋中度过的，也就是说，它们完全脱离了陆地生活。因此，它们对海洋生活的适应度更高。它们的后肢完全退化，能够在海洋中无拘无束地快速移动、捕捉食物，也完全适应深海中的活动。

总体来说，鲸目动物的身体呈流线型（纺锤形）。尽管它们是哺乳动物，但是没有毛发。海豚和鲸的胚胎在子宫中发育时身体上会出现毛胚芽（即在胎儿出生后会发育出毛发的结构），但是这些结构在幼鲸出生后就消失。没有毛发这个生理特点非常有利于海豚和鲸在水中自由活动，此外，它们极为光滑的皮肤可以有效降低海水与身体之间的摩擦力。另一方面，它们有前鳍（为适应游泳由前肢进化而来），后肢则已经在进化过程中完全消失了。鲸目动物的胯部（腰部靠近盆骨的部分）也已经大大地退化，只保留陆生哺乳动物的一小部分特征，即仅在靠近盆骨的地方生长一些与脊柱不相连的小块骨骼。

为便于推动身体前进，鲸目动物都有强有力的尾鳍。

图 3–1 座头鲸

尾鳍没有骨骼，由结缔组织构成，左右两部分是完全对称的。鲸目动物还有发达的肌腱和肌肉组织，在游动过程中会产生强大的推动力。还有一点必须说明的是，大部分的鲸目动物都有背鳍，也是由结缔组织构成的，用于保持身体平衡。当然，也有一些鲸类没有背鳍（特别是齿鲸亚目中的一些品种）。与其他哺乳动物一样，鲸目动物是恒温动物，即有能力保持身体温度相对不变。许多种类的鲸长期生活在水温较低的海域，或在迁徙时会穿过这样的区域，低温的海水会加速身体热量的流失，所以和鳍足目动物一样，鲸目动物有一层厚厚的皮下脂肪用来阻挡寒冷，防止热量流失（也用来储存能量）。

鲸目动物身体结构的改变

鲸目动物颈部的脊柱缩短，颈部也就随之变短，这使得它们的身体呈流线型，像一支长矛一样。同时由于脊柱缩短，鲸目动物的身体不易弯曲，这有利于它们在水中快速前进。在进化过程中，这类动物身体形态最重要的适应性变化发生在头部。海豚和鲸都需要呼吸空气，因此，它们必须周期性地浮上海面。鲸目动物的鼻孔移动到了头颅顶部[①]（其他哺乳动物的鼻孔都位于口鼻部的顶端，也就是面部正前方、正中心的位置），如此一来，它们只需要把头顶露出水面就可以呼吸。而且大部分种类的鲸鼻孔是不对称的，两个鼻孔中只有一个比较发达。这种不对称可以使鲸目动物在海面上快速完成换气，不需要将整个头部都露出海面。鲸目动物头部的另一个特点是，头顶上的鼻孔会喷出水雾。人们远距离观察鲸，通过喷出的水雾就可以辨别出它们的种类[②]。当然，辨别鲸的种类时还需要考虑许多其他的因素，比如背鳍形态、体型大小、皮肤颜色、色素沉淀等。鲸目动物换气时喷出的水雾令人着迷又困惑，很多人认为那是一股水柱，但事实并非如此。鲸在换气时，会把肺部温度较高的气体（与周围低温或常温的海水相比温度较高）和鼻孔周围的小水珠一并排入空气中，形成了类似水蒸气的水雾。

哺乳动物鼻孔位置的移动意味着颅部骨骼结构发生了重要改变。在进化过程中，鲸目动物的面部骨骼被拉长（就像老式望远镜被拉长一样）。须鲸亚目动物和齿鲸亚目动物的颅骨部分存在一些差异。须鲸亚目动物的上颌骨（嘴

---

① 大家可以想象一下我们的鼻孔长在头顶上的样子……

② 比如南露脊鲸喷出的水雾呈“V”字形。

唇后面的骨骼）为了能够包裹住须板而发生了适应性改变，相比而言，齿鲸亚目动物面部骨骼拉长得更加明显。当鲸目动物在水中高速移动时，它们可以在一秒内完成换气。为了实现快速呼吸，它们的鼻孔周围覆盖着一层脂肪组织，这层组织连接着结构复杂但十分有力的肌肉。这种肌肉类似陆生哺乳动物用来扩张鼻孔或使鼻孔周围起皱的组织。

为了让肺部顺利完成换气，鲸目动物的身体还有其他的改变：一是它们的鼻子没有鼻甲骨，空气可以毫无障碍地迅速到达肺部；二是，它们的气管和支气管中有软骨组织，在下潜过程中有助于肺部的收缩（陆生哺乳动物是无法收缩肺部的）。所有这些适应性改变都有助于鲸目动物迅速、彻底地换气，它们呼吸一次就可以更新肺部 90% 的气体（大多数陆生哺乳动物呼吸的效率远低于此）。鲸目动物的呼吸系统特征明显，鼻甲骨退化，鼻孔移动到头顶，鼻孔周围分布着强壮的肌肉（使鼻孔可以快速张开、闭合，防止海水进入鼻腔）。上述种种特征都保证了鲸目动物能够快速、有效地呼吸。海豚的呼吸速度比鲸更快。

每一只陆生动物的牙齿形状不同、分工明确，海豚虽然从陆生动物进化而来，但是每一只海豚的牙齿在大小和功能上却是没有差异的。齿鲸亚目动物的牙齿形状相同，功能也相同（称为“同形齿”）。鳍足目动物也有同形齿，但是没有鲸目动物那么明显。在海豚科中，一角鲸外形特征十分出众，在它们头部的正前方长有一个长度可超过2米的角，那其实是它们的牙齿。雄性一角鲸会任由一颗位于嘴部正面的牙齿无限制向前生长（一般会向左偏斜），形成一个长长的尖角，使得它们看起来就像传说中神秘的独角兽。须鲸亚目动物没有牙齿，它们的上颌骨（上唇后面的骨骼）上长着鲸须板。鲸须板呈半刚性，成分与我们的指甲类似，作用是过滤海水。须鲸亚目动物在进食时，会张大嘴巴吸入含有大量小型生物的海水，接着用舌头将海水排出，把食物留在嘴巴里。有部分须鲸被称为“有深沟的鲸”，原因是当它们不进食的时候，喉部的皮肤上会出现许多皱褶。这些皱褶可以帮助鲸扩大嘴部容积，这样在进食时它们可以吸入更多海水，从而留下更多食物。

总结一下，鲸目动物身体形态上的改变主要有：身体呈流线型（纺锤形）；前肢变为鳍，后肢完全退化；发展出尾鳍（有强大的肌肉）、背鳍；颅部骨骼结构重置，鼻孔位于头顶；颈部脊柱缩短，颈部变短；身体结构适应了不同气体的交换方式。

奇妙的海洋巨兽

在人类的视线之外，生活着许多海洋巨兽。它们自由自在地在大海中畅游，不受任何束缚，身体也早已适应在海洋中捕食。它们能够到达的深度是连《海底两万里》的作者儒勒·凡尔纳都无法想象的。

这些巨兽并不是人类想象的产物，而是真实存在的。它们就是我们熟悉的鲸和海豚。鲸和海豚的形象经常出现在文学和电影作品中，为人们所熟知，比如《白鲸》中的莫比·迪克，海豚飞宝（出自20世纪80年代风靡全球的电视剧），《杀手虎鲸》中令人恐惧的虎鲸（它并不是真正的杀手，只是像我们一样喜欢食肉罢了）。想想看，海面以下900米的地方是怎样一幅景象？寒冷、黑暗、无边无际，亚瑟·克拉克在他早期创作的小说《深海牧场》中详细刻画了大海深处的景象。在这部作品中，克拉克虚构了一个深海中的牧场，牧场里的牲畜是鲸，这些巨兽们被超声波封锁在牧场中。

蓝鲸是地球有史以来体型最为庞大的动物（连恐龙都无法与其比肩），它们在水下通过超声波来沟通、交流，其中最重要的交流有两种：一种是哺乳期中的雌鲸与幼鲸交流以便照顾幼鲸，一种是处于发情期的雄鲸和雌鲸以交配为目的进行的交流。一些种类的鲸也会制造专用于雄性之间沟通的超声波，主要是为了竞争生存资源和与雌性交配的机会。我们要注意的一点是鲸是在水下发出超声波的，而水的密度与空气不同，因此超声波在水下传播时呈现出的状态也与在空气中不同。人们研究鲸类的超声波以频率和波长为标准，与人耳接收声音的方式没有任何关系。鲸的耳道不向外开放，它们的耳孔被皮肤、组织和一层蜡质覆盖。除此以外，我们还可以从它们的耳朵判断出它们的年龄，就好像树的年轮一样。

我们在前面提到过，鲸目动物发射的超声波在被反射之后可以通过它们的头部和颌骨（颌骨是空心的，中间充满了脂肪填充物，方便超声波的传播）进入听觉神经和大脑。科学家们的耳朵听不到这种超声波，但是他们可以在水下放置麦克风，收集这些超声波，再进行分析研究。

海豚和鲸发射的超声波是多变的，可以是低沉的，也可以是尖锐的（与鲸的种类有关）。它们发出的声音能让几千米外的同类都可以接收到，但这与声音的音量无关，而是与声波的频率和波长有关。座头鲸的歌声和美人鱼的歌声一样出名，很久以前就成为科学家们的研究对象。雌性座头鲸会负责将歌唱技巧传授给它们的孩子。每一个座头鲸种群都有自己专属的歌单，也就是说，生活在北太平洋的座头鲸与它们生活在南太平洋的同类唱的不是一首歌。另外它们的胸鳍是所有鲸类中最长的。

海豚自杀之谜

阿根廷沿海生活着 30 多种海豚和鼠海豚。我们有必要介绍一下它们之间的区别，两者相比：海豚的体型更加修长，而鼠海豚的体型则比较短小；海豚的头部比较长，而鼠海豚的头部则更加扁平。它们的共同之处在于都有牙齿，也就是说它们属于齿鲸亚目。

对于专家们来说，不同种类的海豚体貌特征差异明显，非常容易辨认。体型最大的海豚成年后体长可达 8 米，体型最小的成年后体长则不及 1 米。虽然科学家们已经组织开展了一系列针对鲸目动物生活习性的调研活动，并且取得了丰硕的成果，但是由于它们一直生活在水下，开展相关研究依然困难重重。

大部分海豚都习惯独居，只有少数几种海豚是群居动物。一些海豚喜欢成群活动，另一些只有在交配期才和同类在一起。海豚群内部等级森严，有时候这种封闭的组织结构是造成数十头海豚在海岸上同时搁浅的罪魁祸首。每当发生海豚集体搁浅事件，相关消息都会立刻见诸报端，迅速吸引公众的目光。通常情况下，如果海豚群的头领长期生病、最终搁浅[①]，其他成员也会毫不犹豫地追随它的脚步而去。阿根廷历史上有两次大规模鲸和海豚搁浅事件被记录在案。20 世纪 40 年代，在马德普拉塔市发生了一起有 800 多头伪虎鲸参与其中的搁浅事件，这在当时引起了巨大的轰动。专门从事哺乳动物相关研究的西班牙自然学者安赫尔·卡布莱拉发表了一篇文章，详细描述了该事件发生的始末。[②] 另一个被广泛报道的搁浅事件发生在 1991 年的丘布特省，这一事件涉及 400 余头长肢领航鲸（其实是一种体型较大的海豚）。惨剧发生两年后，我才有机会参观当时的事件发生地。虽然已经过去了两年时间，但在那片海滩上仍然可以看到数百只鲸的遗骸，白骨与腐肉暴露在太阳下，场面十分可怕。事发的海滩十分崎岖，在风浪较大的季节，海豚群有可能迷失方向，掉入死亡陷阱。

---

① 所谓搁浅，就是被困在海滩上，无法再回到更深的水域中。

② Cabrera,A., *Las falsas orcas de Mar del Plata, Revista de Ciencia e Investigación*,1946,volumen 2 (12): pp.505-509.

研究人员认为，在这一事件中搁浅的海豚可能分属两到三个族群，它们为了追逐鱼群而到达附近海域，最终搁浅。研究人员还认为，这一搁浅惨案应当是发生在海豚繁育后代的旺季，这使得该事件的后果更加严重。

可能引起海豚和鲸搁浅的几个原因（“救命！哪儿有水？”）

一切都在蓝色中沸腾，一切都是转瞬即逝的火花
那海，那船，那白昼
统统毁灭

——［智利］巴勃罗·聂鲁达，
《一百首爱情十四行诗》

这些搁浅事件可能是个体性的（只有一个参与者），可能是群体性的（有多个参与者），甚至有可能是规模性的（参与者数量达到数十个甚至数百个）。科学家们（当然还有普通大众）最想知道的就是：到底是什么原因导致了鲸和海豚搁浅并最终陈尸海岸？对于这个问题，人们尚

未得出确切的答案，但是有多种试图解释这一现象的假设。

我们肯定都听说过，海豚或鲸搁浅是非常常见的事件，也许还有人自称在海滩上目睹过这一现象。除了前面我们提到的两次大规模搁浅事件，关于海豚或鲸死于阿根廷海岸的记录不胜枚举。

个体性搁浅事件不遵循任何时间规律，并且在现存的各种鲸目动物身上都曾经发生。令人惊讶的是，鲸目动物中部分种类（以希氏剑吻鲸为代表）的生物学描述是科学家们通过观察搁浅个体的尸体完成的，因为要观察这些动物的活体几乎是不可能的！人们针对个体性搁浅事件提出了几个可能的原因，其中在学界认可度最高的是动物体内出现了疾病或者寄生虫，影响了动物的行为，并最终造成其死亡。海豚和鲸搁浅的海滩一般都是一片荒芜的，在那里它们必死无疑（这些可怜的搁浅者，它们曾是海洋动物中最有智慧的群体，却落得这样的下场）。

我们以在动物体内出现寄生虫为例，寄生虫的幼虫为了进入动物的肠胃中获取食物而给动物的颅骨和大脑造成了多种损伤，这使得患病动物的导航系统蒙受了无法弥补的伤害，导致其因迷失方向而搁浅。另一种非常普遍的情况是，在患病海豚的肺部和呼吸道生活着一种寄生虫的成虫，随着时间流逝，它们逐渐把海豚推向死亡的边缘，并最终造成海豚搁浅而死。其他病毒性或细菌性的疾病也可能导致患病动物搁浅。

但是，我们为什么又可以观察到群体性或者规模性搁浅事件呢？毕竟，在这样的群体中，大部分的个体都没有表现出致命性疾病的症状。我们在前面提到过，许多种类的鲸目动物群体性非常强，一个族群中可能包含着多个甚至数十个个体（有时，一些群体中个体数量已经到达上限，但整个群体依然在成员共享的捕食区域中一同活动）。在拥有封闭结构的鲸目动物中，长肢领航鲸是最具代表性的。我们前面提到过的两次大规模搁浅事件都有这一物种的身影。来自瓦伦西亚大学的托尼·拉加及其团队关于这一事件的研究结果，我非常感兴趣，这样的搁浅事件就像雷德利·斯科特的电影《异形》一样吸引着人们的好奇心。一般来说，在长肢领航鲸搁浅事件中，死亡的个体有成年雄性和雌性（包括处于孕期和哺乳期的雌性）、幼崽和年轻的个体。在大部分尸体中，我们没有发现寄生虫或其他可能致死的原因，恰恰相反，这些死去的动物生前非常健康，没有受到明显的伤害，唯一可能的解释就在于它们的组织结构，是它们的领导者将整个族群引向了万劫不复之地。

在这种情况下，年轻的个体、幼崽和地位较低的成年个体被“拖进”了死亡的深渊。

除了上述原因以外，还有一些理论也试图解释鲸和海豚的搁浅之谜，但是由于它们缺乏明确的证据支撑，获得的支持较少。这些理论把搁浅事件归咎于生物声呐系统发生错误（除寄生虫以外的原因）、气象原因（严重的暴风雨使海豚迷失方向）、地球磁场变化和海岸的地貌（当海岸坡度较为和缓时，会给这些动物们造成前方依然是海洋的假象，令它们陷入死亡的陷阱）。

在已知的所有个体性搁浅案例中，搁浅个体全部死亡，并且在它们的神经系统中发现了寄生虫或病毒。尽管这可能不是造成其死亡的直接原因，但是可以肯定的是这些寄生虫或病毒加速了动物的死亡。相反，在规模性搁浅事件中，如果搁浅的原因是该群体的领导者患病，其他个体仅仅是追随它的步伐，人们就有机会将部分幸存的个体送回大海，帮助它们继续存活。这种帮助实施起来并不容易，因为在海豚组织结构中，个体之间的联系异常紧密。

鲸也迷路了

喙鲸科动物生活在远离海岸的广阔海域中。根据科学家们目前的研究结果，这一科可分为 5 属 21 种。尽管它们外形看起来比较像短吻的海豚，但是亲缘关系上更靠近鲸。喙鲸科动物有牙齿，虽然有一些例外情况，但是大部分喙鲸都只有两颗牙齿，生长在下颌骨上。一般来说，喙鲸雄性个体比雌性个体体型要大，牙齿也更大。雄性喙鲸的牙齿会在嘴巴闭合时外露，在它们展开竞争时，牙齿将作为威慑工具和武器发挥作用。喙鲸科不同种类之间体型差异较大，体长为 3～13 米不等。它们的主食是生活在 900 米深的海域中的鱼类和章鱼。

图 3-2　带齿喙鲸

克肯镇海滩上的搁浅事件

我想向读者们讲述一个我曾经亲身经历的事件：2002年9月3号，一头奇怪的海豚在布宜诺斯艾利斯省克肯镇搁浅。它体长超过3.8米，生命垂危，没有人能确定它的种类。它在搁浅几个小时之后死亡。经过大量努力，这头神秘的海豚被移动到冷冻仓库中保存，等待科学家们对它进行研究。[①]这个海豚样本在被悬挂到滑车上时意外落地，整个面部彻底粉碎。它搁浅之前撞到北部防波堤上，面部已经遭受比较严重的创伤，因此，与地面的撞击导致它的面部结构完全被破坏。由于海豚的头部在搁浅和搬运的过程中受到损伤，我们无法通过精确测量它面部的细小骨骼来确定它所属的种类。

摆在我们面前的是一个值得一探究竟的谜题。为了解决这个谜题，我们首先对样本进行了基因检测，通过其基因序列确定了海豚所属的种类：这是一头雌性赫氏中喙鲸，它的名字是为了纪念第一个对它们这个种类进行生物学描

---

① 位于内柯切阿区59号大道的圣塞西莉亚德罗柯布鲁诺海产店向我们提供了无私的帮助（这家海产店靠近港口，推荐大家尝尝店里的独家秘制的海产美食，用料极为新鲜）。

述的科学家。喙鲸科动物在科研领域比较罕见，相比较而言，这一科中最常见的是中喙鲸属。大部分关于喙鲸科动物出没的记录都来自阿根廷、澳大利亚、新西兰沿海。“*Mesoplodon*”（中喙鲸属）一词来自希腊语，意为“颌骨中间部分有牙齿”。世界范围内关于这一物种的记录都非常有限。1985 年，在布宜诺斯艾利斯省靠近米拉马尔的地区，曾经发现过两头雌性中喙鲸和两头青年中喙鲸的头部。

我们无法确定这头赫氏中喙鲸的死因，但是在尸体中检测到了多种寄生虫。由此我们得出结论，这个样本生前遭受了慢性肺炎及其他疾病的折磨。我们要感谢海岸管理处的工作人员保存下了这头鲸的尸体，让它不至于沦为某个狂热收藏家的藏品，我们才有机会对它展开研究，从而获得如此宝贵的成果。在发现这个样本之前，这一物种在南半球的观测记录不超过 30 个，现在我们终于可以对它们进行研究，丰富了科学界对这一特殊群体的认识。在克肯镇沿海搁浅的这头鲸是全球科学界获得的第 28 个中喙鲸样本，因此，我们取得的研究成果从各个方面来说都是十分前沿的。获取样本对于研究海洋哺乳动物来说具有重要意义，有了样本，科学家才有了可进行研究的对象，才能推进相关学科的知识更新。

发生在马德普拉塔沿海的搁浅事件

2002年8月2号，马德普拉塔摩托艇俱乐部闯入了一位“不速之客”——一头体貌特征比较罕见的喙鲸。虽然当地水族馆的工作人员对它进行了救助，但它在搁浅数小时后还是死亡了。我们与当地专家通力合作，对它的尸体展开研究。它的体色（基本呈黑色，有其他动物造成的白色疤痕）是一个谜。这头喙鲸的尸体照片在世界各地研究喙鲸的科学家中引起了震动，甚至有人认为这是一个新的物种……因为当时我们尚不了解这个物种的雄性的外部形态特征，世界上大部分研究海豚的专家和科学机构都认为同一物种的雌性和雄性的体色应当是相同的（但是在澳大利亚周围海域发现了两个不符合这一规律的特殊个体，在此以前，没有人见过这种例外情况）。我们使用实验设备对这头喙鲸进行了基因检测，并将检测结果与在克肯镇海岸搁浅的那头赫氏中喙鲸以及澳大利亚周围海域发现的那两个特殊个体进行了比对，这头体长为3.96米的雄性个体最终被认定是在克肯镇海岸搁浅的雌性个体的同类。我们终于拥有了赫氏中喙鲸的完整样本！以前不要说获取这一物种的样本，就连观测它们都很难！

但我们仍不能确定它的死因。尽管它也有可能是死于肺炎（目前这一观点还没有被明确验证），我个人却认为它是殉情而死……虽然我不敢在某个学术会议上提出这个论断，但是这个观点有可能可以用来解释为什么同一种喙鲸的一雌一雄两个个体会先后搁浅。况且这一物种原本在沿海地区极为罕见，但是两次发生搁浅的地点相距仅一百多千米，时间上也仅相差一个月。以上种种使我不得不怀疑这两个事件是有联系的。还有一种假设是它们因为食物中毒而死。虽然两头赫氏中喙鲸接连死亡是一件令人悲伤的事情，但是我们通过研究尸体获取的关于这一物种的信息量超过了过去150年中积累的信息总量。由于这一物种居住在远离陆地的深海中，如果不是这两头赫氏中喙鲸恰巧在人口密度较大的海滩上搁浅（一般来说，它们搁浅的地点都是人迹罕至的海滩，直至尸体腐烂也不会被发现），我们很难近距离观察、研究这一物种。

目前存在的诸多问题使得许多种类的鲸目动物都陷入生存危机之中，但是，造成问题的根本原因不在于大自然，而在于人类活动：鲸目动物可能被渔网困住，无法逃脱（意外捕捞）；人类针对某一特定物种展开捕捞（捕捞金枪鱼或其他与海豚生存有关的鱼类）；捕鲸活动依然存在（这无疑是一个非常复杂的问题）；环境污染（人类活动形成了诸多污染源）；石油开采（虽然很少有鲸目动物因油污而死）。

渔业活动难以顾及海洋哺乳动物的安全，意外捕捞时有发生

渔业捕捞的方式[①]多种多样，不管是渔民乘坐小型船只在近海人工捕捞，还是现代化的大型船只前往远离陆地的海域开展捕捞作业[②]，都很有可能引起数量不定的海洋哺乳动物被渔网困住，最终死亡。海洋哺乳动物同渔业活动的关系并非一成不变，影响因素包括捕捞地点、捕捞方式和受影响的物种的生活习性。比如，多个种类的海豚都会被捕捞金枪鱼的渔网困住而死。过去，中太平洋地区[③]沿岸海豚死亡量极大（每年超过100万头）。后来，为了找出问题到底出在哪儿，并研究合理的渔业捕捞方式，减少海豚

① 我们把人类所有用来获取鱼类及其他海洋生物的手段统称为“渔业捕捞方式”。

② 这种捕捞作业往往持续几个月，并且在船上对捕捞到的海产进行粗加工。

③ 这是一个社会经济学概念，专指哥斯达黎加靠太平洋一侧的沿海地区。——译者注

的意外死亡，中美洲热带金枪鱼协会成立。生活在这片海域的海豚与金枪鱼在同一范围内活动，因此，渔民通过海豚群来确定金枪鱼群的位置，然后用渔网封锁整片海域。尽管他们捕捞的目标是金枪鱼，但是海豚也会被无辜牵连。为了避免这种情况发生，渔业协会决定改变捕捞方式。这使得海豚死亡数量下降到每年几千头，但是类似的问题依然没有得到彻底解决。在我们生活的地区，小规模的人工捕捞每年仍然会造成大量拉普拉塔河豚死亡（阿根廷沿海每年有 500 ~ 800 头海豚死亡）。

鲸向着我们的船游来了！

它不仅因为体型庞大而显得与众不同，更因为它布满皱纹的额头、雪白的皮肤和背部高高的锥形隆起。它的另一个奇妙之处是：每当受到人类追捕，它总能够聪明地逃脱厄运。当它向前游动试图摆脱狂热的追捕者时，会突然转向，朝着渔船游去，扑到追捕者身上，折断他们的长矛。已经有许多人因为尝试捕捉白鲸而丧命了。

——［美］赫尔曼·梅尔维尔，《白鲸》

谁不喜欢阅读亚哈船长与莫比·迪克的战斗故事？《白鲸》是冒险文学中的一部经典小说，书中描写了船员艰苦的生活。在那个时代，捕鲸技术还相当落后，船员只能坐在小船上使用渔叉捕鲸。捕鲸是一项相当古老的生产活动。但是，工业的进步促进了捕鲸技术的发展。19世纪至20世纪，人类毫无节制地开展了大规模的捕鲸活动。许多民族都有捕鲸的传统，鲸甚至被纳入他们的食谱当中。历史上虽然不乏人类与鲸和谐相处、共同发展的例子，但是更多的是人类对鲸肆无忌惮地捕杀。1946年，国际捕鲸委员会（IWC）成立，主要目标是在全球范围内推动鲸类保护事业的发展，避免捕鲸业对鲸的滥捕滥杀。国际捕鲸委员会给各成员国规定了一个展缓期，要求成员国在展缓期内逐步停止商业性捕鲸活动。展缓期自1986年开始生效。国际捕鲸委员会的工作内容十分丰富：制定规则，划定禁捕区，保证某些处于高危中的物种受到全方位的保护；对于其他种类的鲸，将每年捕杀的数量限定在合理范围内；禁止捕杀幼鲸和怀孕的雌鲸；收集各国的数据，并为各国决策提供智力、技术等方面的支持。但是，有部分国家[①]以开展科研活动为

---

① 这些有捕鲸文化、每年以开展科研活动为由申请捕鲸许可的国家分别是日本、挪威和冰岛。

由申请捕鲸许可，并且继续捕杀某些种类的鲸（主要是小鰮鲸）。[1]

随着装置着炸药的捕鲸工具和可高速行驶的工厂式渔船出现，人类开展大规模、高效率的捕鲸活动。这导致大部分种类的鲸都面临着灭顶之灾，再无恢复繁荣的可能性。蓝鲸在全球各个海域都有分布，100 年前，这个物种非常兴旺，可逐渐地，生活在南半球的蓝鲸仅剩 50 头。蓝鲸曾经是现代捕鲸业的首要目标，原因大概是捕杀蓝鲸的利润产出远远高于成本投入，毕竟一只成年雌性蓝鲸的体长可以达到 30 米，体重可达 120 吨。

在阿根廷，捕鲸也是一项传统的生产活动，主要目的是进行商业贸易以及向南占领海洋、开发资源。挪威船长卡尔・安东在 1903 年与阿根廷的工厂主、商人合作，在南乔治亚岛上创建了阿根廷渔业公司。1902 年，拉尔森乘坐南极号考察了南乔治亚岛，他给岛上的一个海湾命名为古利德维肯。阿根廷渔业公司的工厂就建在这个海湾中。南半球的捕鲸业持续扩张，直到这一行业再无利润可言。虽然在这些年里国际捕鲸委员会开始受到国际社会的广泛支

---

① 南半球一共居住着 75 万头小鰮鲸，申请科学捕捞的所有国家每年的捕捞总量不得超过 400 头。

持，他们的工作也发挥了一些作用，但是捕鲸业衰落的根本原因在于可以捕杀的资源已经消耗殆尽。

啊！那有毒！

在工业高速发展的地区，重金属、有机化合物（如杀虫剂滴滴涕）、多氯联苯[①]造成的污染问题非常严重。比如，分布在地中海中的鲸目动物就生活在高污染的环境中。在沿海地区，大型中心城市和周边的农业活动都有可能造成环境污染。污染物会通过雨水和河流进入海洋，一旦被食物链底端的生物吸收，就会通过食物链到达处于顶端的生物（如海豚和海豹）体内并持续积累，因此，食物链顶端的生物体内含有的毒素最多。

在生态系统中，食物链就是我们通常所说的“大鱼吃小鱼，小鱼吃虾米”。处于食物链底端的是能够利用太阳能和溶解在水中的营养元素来制造营养物质的生物，即浮游植物，它们是浮游动物（随洋流移动的动物）的食物来源。这些浮游动物是小型鱼类、螃蟹、水母等生物的食物。

① 多氯联苯用途多样，如用作电容器及变压器内的绝缘液体、真空泵流体、涂料及溶剂等。

小型鱼类被大型鱼类捕食。大型鱼类则成为海豚的盘中餐。食物链中的各个成员构成了食物链的不同环节。在南极和一些其他地区，生态系统呈链状。如果其中的一个环节被破坏，将会造成整个链条断裂！由于这种生态系统内部结构单一，多样性不足，所以非常脆弱。对这样的生态系统加以保护是一项极为复杂的工作。而其他生态系统（比如阿根廷海）的情况稍微乐观一些，这些地区的生物种类多样，食物链不是一根简单的“链条”，而是一张“网”。在这个网中，每一条鱼的食谱都是多样化的，它不必拘泥于一种食物。这样的生态系统更加稳定，抵抗风险的能力也更强。

读者们应该已经了解到，海洋就像一张大网一样，一端连接着生产者（浮游植物），另一端连接着海洋哺乳动物，比如莫比·迪克和飞宝。

在海洋中，有一些生物会把海水连同食物一起吸入嘴中，再把海水过滤出去，将食物留在嘴里。如果海水含有溶解性的毒素，毒素就会在生物体内积累，并进入食物链中。生物在食物链中的等级越高，体内积累的毒素就越多。那些处在食物链顶端的生物（海豚、海豹等等）体内积累的毒素不仅会使它们的身体受到一定损害，还会导致它们生育率降低、流产，甚至死亡。

海岸上的海豚

体型较小、居住地离海岸较近的海豚比较容易被渔业活动误伤。为了解决这个问题，有必要了解每年因渔业活动而死的海豚数量、船队的捕捞努力量[①]和单位捕捞努力量渔获量[②]。

在布宜诺斯艾利斯省沿海，受渔业活动影响较大的是拉普拉塔河豚，从巴西南部到巴塔哥尼亚北部都有这一物种分布。在布宜诺斯艾利斯省，曾经发生过多起渔网造成海洋哺乳动物意外死亡的事件。造成悲剧的渔网种类多样，比如刺网和捕虾网，这两种渔网每年会导致至少 400 只动物意外死亡。如果渔业活动每年造成某种动物死亡的数量占该物种总量的 2%，该物种的持续发展就会受到影响。自然环境中的各个因素是相互影响的。海豚会捕食 12 种鱼，但渔船“捕食”的种类则高达 51 种。海豚主要食用 3 种鱼，且这 3 种鱼都具有一定的经济价值。因此，在海豚与渔民

---

① 捕捞努力量是指在特定区域和一定时间内投入捕捞生产工具的数量和程度。

② 单位捕捞努力量渔获量是指在特定区域和一定时间内渔获量与捕捞努力量的比值。——译者注

图 3-3　拉普拉塔河豚

之间存在着一种竞争关系，但是参与竞争的双方并非势均力敌。相较于掌握了先进技术和设备的人类，海豚自然处于劣势。拉普拉塔河豚也被称为“看不见的海豚”。这种生活在沿海地区的海豚外形非常美丽，皮肤的颜色类似灰黑色。它们非常常见，但是却很少有人知道它们，这是为什么呢？这也许和它们的生活习性和皮肤颜色有关。它们居住的地方虽然靠近海岸，但是它们会小心避开游泳者和渔船。科学家们通过研究被刺网误捕的拉普拉塔河豚发现，这一物种最常生活在 2～10 米深的水下，虽然它们也会在五六十米深的水下出没。海岸周围布置的渔网最远可以到达距海岸 20～25 海里（37～46 千米）的地方，但大部分的意外捕捞都发生在距海岸最近的 5 海里（9000 米）处。

经过 11 个月的孕育，小海豚才会降生。它们出生时，体长 0.8 米左右，成年后体长可达 1.4 米。和其他海洋哺乳动物一样，拉普拉塔河豚的繁殖期在春季。不幸的是，捕鲨活动也是在春季展开。届时，海岸周围会布置着用于捕鲨的三重刺网，非常容易造成海豚被意外缠住，窒息死亡。为什么海豚有能力追踪一条 3 厘米长的小鱼，却无法确定前方有渔网阻挡了它的去路呢？它们不能确定渔网的存在可能是因为它们追踪的目标并不是渔网，它们只是在海洋中漫无目的地巡游，没有开启回声系统……等它们发现情况不对时，一切都已经太晚了。

这种海豚不习惯大规模的集体活动，行动极为低调，不溅出水花也不跃出水面。一般来讲，它们会两两结成小组，相伴而行。小组成员可能多于两个，但最多不会超过四个。游客可以直接在海岸上观赏它们，也可以选择乘船观赏，接受过相关训练的人甚至可以潜入水中近距离与它们接触。拉普拉塔河豚以种类不多的鱼类和章鱼为食。它们嘴部开口较小，但长度很长，里面整齐地排布着两百多颗大小一样、功能相同的牙齿（每颗牙齿约 3 毫米长）。在乌拉圭，人们在鲨鱼的胃中发现过海豚的残骸。我们之前也提到过，它们可能会被分布在海岸周围的渔网误伤。虽然它们并不是渔业活动的目标，但是对渔民来说，海豚肉是不可多得的美味，特别是它们背部的肉可以用来烹制传统食物。[①]

那是虎鲸……虎鲸……虎鲸啊！

每次瓦尔德斯半岛诺德角自然保护区附近的海域出现虎鲸的踪迹，堂·卡拉索[②]总会兴奋地把消息告诉所有人。我对此记忆犹新。回忆起与虎鲸的第一次亲密接触，我的内心总是充满激动与喜悦。那天天气晴朗，夜幕降临后，月光洒落在海面上。突然，没有任何预兆地，随着一片黑色的鳍划破水面，一只虎鲸将它的美毫无保留地展示在我面前：夜一般漆黑的身体，眼睛后面和背鳍两侧装饰着白色的斑点。它呼吸的声音打破了夜的寂静。碎石海滩的坡度很大，显得虎鲸离我们那么近，好像一伸手就能触摸到一样。有那么一秒钟，我感觉自己看到了它的眼睛，那眼

① 这道菜的名字是“mushame”，根据我之前品尝用海洋哺乳动物烹制的食物的经验，我对这道菜敬而远之。

② 堂·卡拉索是瓦尔德斯半岛诺德角自然保护区管理员胡安·卡洛斯·洛佩兹的助手。胡安长期研究生活在附近海域的虎鲸，总结出了一套辨认虎鲸不同个体的方法，十分有效且易于掌握，他还能说出许多科学家不知道的虎鲸的生活习性。

睛反射着月光，似乎正在牢牢地盯着我。那种激动的心情让我无法动弹。也不知道过了多久，那只虎鲸慢慢地潜入银色的海面，消失不见了。那是我第一次看到那头虎鲸，但保护区的管理员与它已经是旧相识了。它巨大的背鳍上有一些缺口，这个标志可以将它与其他虎鲸区别开。从那时算起，我认识它已经十多年了。这些年中，它不停地出现在纪录片、学术文章和学术讲座中，人们根据对它的行为的研究提出了一系列理论。但对我来说，虎鲸依然是那个神秘而充满着力量感的身影，在 20 年前毫无征兆地出现在那片荒凉的海面上。那是一只成年雄性虎鲸，一位站在海洋食物链顶端的霸主。

对于公众而言，虎鲸一直以来都有着莫大的吸引力。它的强大与威严使它经常成为恐怖电影的主角，它甚至被人们称为“杀手鲸”。[①] 虎鲸实际上属于海豚科，是一种体型较大的海豚。虎鲸有牙齿，属于齿鲸亚目，在全球范围内都有分布。20 世纪 80 年代，瓦尔德斯半岛附近海域一共发现了 25 头虎鲸，10 年后，这个数量下降到 12 头。虎鲸主要捕食鱼和其他海洋生物，生活在瓦尔德斯半岛附近

① 我们讨论的不是街边肉铺的店主，也不是在冷冻库工作的屠夫。

图 3-4 虎鲸

海域的虎鲸已经掌握了捕食海狮和象海豹的技能。它们捕食鳍足目动物的方法十分有趣：它们会有预谋地在海滩上搁浅，等待时机捕食毫无防备的海狮或象海豹幼崽。浅海海底地貌形态特殊，形成了一些石滩（就像一个个比较深的管道一样），借助石滩，虎鲸在接近海岸的时候可以把自己的身体露出水面，伺机捕食猎物。尽管这种捕食成功率很低，还不到 32%，但是值得虎鲸奋力一搏，因为一头 3 个月大的海狮或者一头年轻的象海豹将为虎鲸提供充足的食物和极为丰富的营养。[①] 科学家们仅在瓦尔德斯半岛观

① 这就好像风险投资一样：对于投资者来说，投入本金意味着承担风险，但是如果策略得当，得到的回报也会异常丰厚。

察到虎鲸的这种搁浅行为。尽管巴塔哥尼亚地区的虎鲸除了捕食三文鱼、鳕鱼以外，也会以毫无防备的海鸟（比如企鹅）为食，甚至还会去猎杀露脊鲸和其他鲸目动物。[①]

虎鲸的组织结构通常是家族式的，成年虎鲸会传授年轻虎鲸在海滩搁浅的正确方式并督促它们练习，以避免它们落入死亡陷阱。捕获的食物也是在家族中共享，家族成员数量一般为2～6头。除了传授年轻虎鲸在海岸上觅食的技能，成年虎鲸还会捕捉猎物（一般多为年幼的海狮）并留下活口，供年轻虎鲸进行实战演练，掌握捕食技能。虎鲸捕食能力优异，活动范围广，下潜能力强，是海洋中最优秀的捕食者之一，就像非洲大草原上的雄狮一样。

① 我们不能把虎鲸的正常捕食与电影中塑造的“杀手鲸”的形象混为一谈。没有任何记录表明，虎鲸会有预谋地伤害人类。

第四章

海洋哺乳动物如何潜入深海

海狮、毛皮海狮、海象、海豹、鲸、海豚、鼠海豚都在海洋中进食。鳍足目动物是水陆两栖动物，鲸目动物则是水生动物。人在水下屏住呼吸会发生什么？首先，当下潜深度达到 3 米时，人的耳朵和鼻子会感受到压力，必须要用被堵住的鼻子“呼气”来平衡鼻子受到的内外压；此外，在下潜的过程中，心率会有所下降（尽管不甚明显）。然后，大约在四五十秒后人体就会开始缺氧（在水下屏息的时长取决于身体中储存的氧气含量）。最后，他们会迫切地用力向水面挣扎，追寻着头顶上的光线和空气，在头部冲出水面后开始大口喘气。

海洋哺乳动物和其他哺乳动物一样通过肺部呼吸，但是，它们已经完全适应了在水下捕食、与同伴交流和躲避天敌。海洋哺乳动物对海洋的适应能力已经登峰造极，它们完全就是“潜水艇”[①]！

为了进入海域捕食，海洋哺乳动物必须在身体中储存适量的氧气。一些动物，比如海獭，会在浅海捕食，然后在海面上进食。这样，它们只需下潜一两分钟来捕捉一个刺海胆，再漂浮在海面上用肚子当餐桌把食物吃掉。它们既不能潜入较深的海域，也不能长时间地在水下停留，也就无法像海豚或海狮那样无拘无束地在水下捕食、进餐。少数海豹和鲸可以长时间地停留在相当深的海域中捕食，比如抹香鲸（著名的莫比·迪克就是一头抹香鲸，其学名的意思是“大头”），可以下潜到海面以下 1500～2000 米处并在那里停留一个半小时。长肢领航鲸、白鲸和一些其他种类的鲸在水下深潜的时间则可以超过两个小时[②]。

在鳍足目动物中，海豹科十分善于深潜，而象海豹

---

① 美国加利福尼亚大学的布尔内·勒·波夫如此称呼海洋哺乳动物。他在 20 世纪 80 年代对北美的海象进行大量研究，研究结果显示，海象在海面上逗留 3 分钟后，就可以下潜至海面以下 600 米深的海域并停留 20 分钟，在好几个月的时间里它们可以昼夜不停地重复这个过程。

② 经过严格训练的潜水员很少能够在水下屏息超过两分钟。人类大脑如果在 2 ～ 3 分钟内不摄入氧气，就会遭受严重的损伤。

是其中的潜水之王。雄性象海豹能下潜到1500米深的海域[①]，潜水的时间可以超过两小时。它们能够远离陆地数月，在海洋中持续巡游几千千米捕食，直到南半球冬季即将结束，繁育季节来临，才会返回陆地。

与海豹科相反，海狮科下潜的深度比较浅，一般来说雌性很难下潜到200米深的海域（关于雄性潜水能力的信息还没有太多）。

我们现在可以总结一下这些动物为了获得在海洋中捕食的能力而做出了哪些改变：骨架可压缩，心跳极为缓慢，抑制血液流动，适应缺氧环境的新陈代谢，有肌红蛋白，在血液中积累乳酸，下潜之前可以排空肺部的空气。

不同种类的海洋哺乳动物的骨骼结构也不尽相同。与其他海洋哺乳动物不同的是，海豹的腹部有一些不连接胸骨的肋骨，好像只是“漂浮”在腹部一样。这个特点是非常重要的。在下潜过程中，水压不断增大，海豹的身体可以随之整体收缩，因此，水压不会对它们的身体造成任何伤害（许多遭遇意外的潜水员都因为身体承受的内外压差异巨大，导致肺部破裂，最终死亡）。

---

① 这里我们有必要重申一下，水压随着深度加深而增大。

心跳徐缓可以帮助身体节约能量，也就是说，让各个器官在消耗能量较少的情况下正常运转。人类也会出现这种生理反应，比如当运动员在训练中抑制呼吸的时候，演员在进行魔术或马戏表演的时候，以及人进入深度冥想状态的时候。一头成年海豹在潜水过程中，心率会从每分钟 80 次下降到每分钟 4 次。

在下潜过程中，海洋哺乳动物体内的周围血会被重新分配。周围血指的是从心脏输送到身体各部分的含氧血液。在潜水时，除了大脑和心脏仍然处在供氧状态下，其他的器官和机能已经准备好在缺氧状态下运行①。这个特点同其他特点一起保证了海洋哺乳动物在长时间潜水时可以节省氧气。

肌红蛋白（有能力与氧结合的蛋白质）可以使海洋哺乳动物的肌肉变为氧气储蓄罐，并且根据它们在下潜过程中的需氧量释放氧气。②与哺乳动物体内红细胞中的血红蛋白相比，肌红蛋白与氧结合的能力更强。当一头虎鲸或海

---

① 在有氧环境下进行的细胞代谢活动称为“有氧代谢”，在无氧环境下进行的称为“无氧代谢”。

② 陆生哺乳动物的红细胞中含有血红蛋白，这种蛋白质可以与氧结合并将氧气输送到全身。

豹下潜时，血液流向肌肉组织，氧气则储存在肌红蛋白中。海洋哺乳动物肌肉中高度集中的肌红蛋白可以帮助它们下潜至数百米深的海域（我们在此仅讨论鲸目和鳍足目）。这种蛋白质是海洋哺乳动物能够完美适应海洋环境的关键。

乳酸是无氧环境下新陈代谢的直接产物，也就是说，在缺氧环境中消耗能量时产生了乳酸。当人类在缺氧状态下进行剧烈运动时，这种化合物就是造成我们肌肉痉挛的罪魁祸首。当肌肉中过量的乳酸被分解，痉挛也随之消失。

这些深海“潜水员”到底是如何应对海洋中的危险环境的？科学家们对此抱有一系列疑问并一直在探索答案。其中一个问题是：当水压达到几十个单位的标准大气压时，它们如何应对这种高压环境？①

那儿有个医生！

与我们的想象相反，海豹和鲸在下潜时，不会在肺部储存大量氧气，而是会尽量排空肺部的空气。它们肺部组织的形态已经适应了这项潜水前的准备活动。在深潜过程

① 在海洋中，水深每增加 10 米，水压就增大约 1 标准大气压。也就是说，一头海象在 1500 米的深海中需要承受 150 标准大气压。

中，体内有空气气泡是会给身体带来损害的。水压上升会导致气泡被压缩，这造成的后果难以设想。尤其是空气中氮气所占的比例高达80%，可能导致它们被麻醉，陷入昏迷。它们没入水中并开始下潜的时候，肺泡收缩（排空所有空气），肺部的气体交换停止，改由血液供氧。在特殊情况下，由肌肉中的肌红蛋白供氧[①]。海洋哺乳动物在深潜时所承受的水压的急剧变化对陆生哺乳动物来说会造成极为严重的伤害：压力迅速上升会导致动物体内产生微小的氮气气泡并释放到循环系统当中，造成神经系统紊乱，引起身体颤抖、视力模糊甚至死亡。

为了生存及保证身体机能正常运转，我们必须从某处获取氧气。我们所需要的氧气 24% 从肺部直接获得，57% 从血液中获得（红细胞与氧气结合并将氧气输送到全身，这部分氧气主要供给各个组织器官），剩余 15% 来自肌肉。与此相反的是，海洋哺乳动物基本不使用分布在肺部的氧气（因此要在潜水时排空）。象海豹在水下所消耗的氧气仅有 4% 直接来自肺部，血液（即运载氧气的红细胞）提供了 71% 的氧气，另有 25% 的氧气来自肌肉。

① 鲸鱼肉因为含有肌红蛋白，所以看起来比牛肉颜色（一般呈鲜红色）深很多，几乎可以认为是黑色的。

海洋哺乳动物的潜水技巧

如果我们只能从间接数据（比如，海洋动物会因被渔网或水下电缆卡住而死，渔网和电缆的深度是已知的，可以作为研究海洋动物行为的间接参考数据）来评估象海豹或暗色斑纹海豚（因为皮肤是深灰色得名）的捕食行为，我们就无法得知它们进食时所处的水深、在水下停留的时间以及下潜的频率。在针对海洋哺乳动物潜水情况开展的研究中，曾经有一种比较先进的方法是在研究对象身上安装一种毛细管。这种毛细管内部有一个小灯，一端被封住，一端开口。在海洋哺乳动物下潜时，毛细管会记录它到达的最深深度。毛细管的内壁涂有苯胺粉末，由于水压随水深增大而增大，水会在压力作用下从毛细管开口的一端流入，洗去内壁上的苯胺。将毛细管回收之后，可以通过被

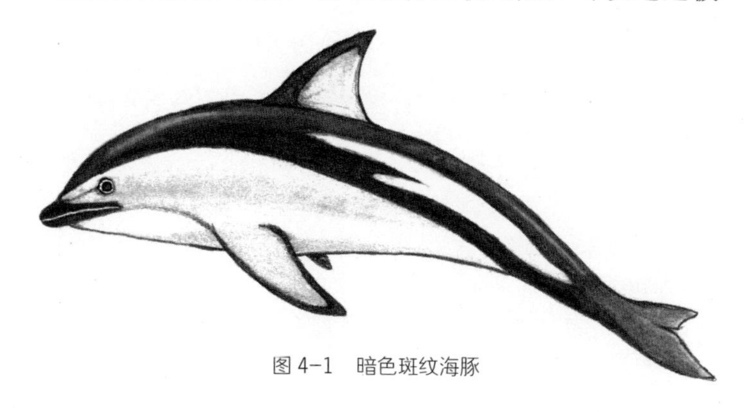

图 4-1 暗色斑纹海豚

洗净的内壁长度来计算研究动物下潜的深度（要求事先估测实验室气压）[①]。

海洋生物学家充分利用科技发展的成果（谢谢工程师们！）来研究解答关于海洋哺乳动物的问题。在针对不同种类的海洋哺乳动物展开的研究中，关于这类动物下潜深度的纪录一次次被刷新（见表格 1）。

20 世纪 60 年代，出现了一种新的研究工具，经过不断地完善改进，现在被称为“TDR”（Time Depth Recorder），即时间深度记录仪。这种工具的基本用途是记录干湿度和压强（比较新型的仪器也能测量含盐量和亮度）。根据干湿度可以判断研究对象是处于陆地还是水中；通过压强可以计算出研究对象所处的水深，因为水深每增加 10 米，水压会增大 1 标准大气压。也就是说，如果一头海豹身上携带的 TDR 显示压强为 101 标准大气压，那么说明这

① 来自巴塔哥尼亚国家中心的克劳迪欧 · 坎帕格纳在 20 世纪 80 年代将这种毛细管运用在对南象海豹的研究上。他在近 200 头南象海豹身上安装了这种装置（毛细管被卷成螺旋状，固定在一个不易弯曲的托盘上，研究人员趁南象海豹睡觉时把托盘粘贴在它们的背部）。虽然最终有 5 个毛细管未能回收，根据回收到的毛细管，坎帕格纳认为，南象海豹能够到达阿根廷大陆架以外的海域，也就是说深度超过 200 米的海洋中（大陆架的最深处）。后来他又进行了一系列实验来验证最初得到的数据，这些实验在整个南半球科研领域都是处于领先地位的。

头海豹曾经下潜到海面以下 1000 米深的地方。现在，这些测量工具只比橡皮稍大，重量为 100 多克。将 TDR 回收后，研究人员可以将得到的信息（下潜深度、下潜频率、含盐量、水温等）输入电脑，这样可以帮助我们认识海洋哺乳动物水下活动的许多特点。

卫星追踪

表格 1

海洋哺乳动物下潜深度举例
TDR：下潜时间、深度测量仪
R：被渔网拦截
E：动物训练
A：被渔叉误伤

种类	最大深度（米）	测量方法
南美海狮	175	TDR
南美毛皮海狮	170	TDR
南海狮	536	TDR
北美毛皮海狮	207	TDR
韦德尔海豹	750	TDR
北象海豹	1567	TDR
南象海豹	1444	TDR
港海豹	446	TDR
	600	R
长须鲸	500	A
宽吻海豚	535	E

<table>
<tr><td>长肢领航鲸</td><td>610</td><td>E</td></tr>
<tr><td>白鲸</td><td>647</td><td>E</td></tr>
<tr><td>虎鲸</td><td>260</td><td>E</td></tr>
<tr><td rowspan="2">抹香鲸</td><td>1140</td><td>R</td></tr>
<tr><td>2000</td><td>TDR</td></tr>
</table>

现在卫星的用途十分多样，比如预报干旱，定位被盗汽车，确定地表位置以及追踪动物迁徙[1]。在对有迁徙习惯的大型动物（比如鲸）进行的研究中，卫星追踪发挥着重大的作用。此外，如果研究人员判断无法再次捕捉到身上安装着 TDR 的研究对象，卫星可以用来接收 TDR 中记录的信息。当研究对象下潜时，追踪仪器将会向卫星发射信号，卫星则将信号传递给实验室。使用卫星的优势是非常明显的[2]，特别是在远离赤道的地区，因为信号发射器离两极越近，卫星接收的信号越好。

---

① 马德普拉塔大学的迭戈 · 罗德里格斯和理查多 · 巴斯蒂达曾经在 28 天内持续追踪一头成年海狮的活动。根据追踪结果，他们可以确定这头海狮进食、休息的偏好区域。同时，他们还发现在这段时间里，这头海狮竟然游了 1400 千米！

② 比如，通过卫星追踪，纽约动物园的研究人员可以坐在办公室里了解非洲象所处的位置，英国大西洋研究所的科学家可以了解南象海豹的位置，而我在巴塔哥尼亚国家中心的同事们可以定位瓦尔德斯半岛上的一头雄性海狮或一头雌性成年象海豹。

一旦接收到 TDR 记录的信息并将信息录入电脑，我们就可以分析海洋哺乳动物进行的一系列潜水活动。我们可以粗略地区分它们以搜寻为目的的潜水活动和以捕食为目的的潜水活动。两者的区别可以通过潜水曲线表现出来：

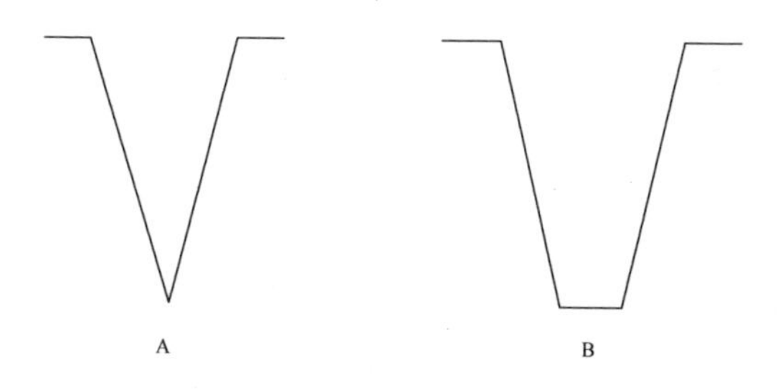

两次潜水活动分别对应 A、B 两条曲线：

A 是以搜寻为目的的潜水。

B 是以捕食为目的的潜水。

曲线的上部对应的是海面，下端对应的是研究对象下潜的最大深度。曲线 B 的底部显示研究对象在某一深度的海域捕捉到食物并停留了较长时间，曲线 A 的底部则显示研究对象在观察、探索周边海域，没有在某一深度长时间停留。

第五章

我不知道如今，
海洋是否已变成泡沫；
我的心如今，
点缀着无数的泡沫，
变成了海洋。

——［西班牙］胡安·拉蒙·希梅内斯
《一个诗人的日记》

阿根廷对海洋哺乳动物的合理开发（不仅仅是“请勿捕杀鲸类”）

人类和海洋哺乳动物之间是相互影响的，这种影响主要体现在渔业、旅游业、海洋工业等人类经济活动上。同时有科学家指出，这两个群体之间也存在着竞争关系，争夺双方都赖以生存的自然资源。但是，毫无疑问的是，保护栖息于阿根廷海的海洋哺乳动物是所有人的责任。人们的第一个问题是：为什么要保护海洋哺乳动物？这种保护不单单是为了“拯救鲸类”，从某种程度上来说，保护海洋哺乳动物就是在保护整体的海洋资源。人类自远古时期便开始开发海洋以获得食物和其他可再生资源。然而，由于生态、道德、美学和经济四个方面的原因（即“E原因”[①]），我们必须制定海洋保护政策。生态原因是显而易见的，关于工业发展破坏自然环境的新闻层出不穷。[②]道德原因则显得更加复杂，然而，越来越多的事例表明，目前出现了一股全民参与保护生态的趋势，因为有更多的人意识到，我们不过是地球的过客，我们无权破坏环境、滥用可再生资源而让子孙后代承担恶果。美学原因也非常明显，谁人不为南露脊鲸跃出海面的震撼画面而惊叹？谁人不为兰花绽放的美丽而动容？谁人不为一只动物幼崽的可爱而开怀？最后是经济原因，这或许也是最激励生产者的原因——保护意味着丰厚的收益。反之，如果不采取保护措施，海洋资源将会走向不可逆转的枯竭。简单点说，如果我们将所有的鳕鱼都捕捉殆尽，就再也吃不到鳕鱼排而只能吃鸡排了。

为了实现海洋可再生资源合理开发，我们首先要明确可开发的生物种类、每个种群的个体数量、所在海域、更新换代的速率和该种群的敏感区域（如用于季节迁移、繁

---

① 在西班牙语中，生态、道德、美学、经济四个词汇的首字母均为“E”，所以简称“E原因”。——译者注

② 比如，废气排放导致大气中二氧化碳含量上升，造成温室效应和全球变暖。

育后代的区域）。最后，也有必要了解可供开发的数量和适合开发的时间。基于这一基础，我们才有可能讨论海洋可再生资源的合理利用。

阿根廷的海洋哺乳动物受到法律的保护。虽然许多物种现在不被捕杀，它们在过去也曾经是被捕杀的对象。现在，大量海洋资源正处于开发进程中，并因此受到了严重的破坏。海洋哺乳动物作为海洋资源的一种，则是受到了资源破坏带来的二次伤害。

目前，有许多科技和决策机构致力于海洋开发政策的制定，科学家们有责任提供可能因为海洋资源的利用而受到影响的物种的相关信息。我们应当在考虑到所有利益主体的前提下讨论解决措施，并且发起讨论，使公众认识到将科学知识作为海洋资源或其他任何资源合理开发的主要工具的必要性。所有人都必须认识到：海洋不是取之不尽用之不竭的食物资源库。一个海洋鱼类的种群会受到多种因素的影响，而只有一种因素，即人类捕捞，可以由我们人类本身来控制。

为了海洋资源的可持续发展，应当尽可能地提高有计划的渔业捕捞效率，同时尽量避免对海豚、海豹、海龟和海鸟等不在捕捞计划内的物种的意外伤害。此外，也有必要依据季节更替规划捕捞区域，并且按照权威机构建议的捕捞量开展捕捞活动。总之，合理开发海洋资源需要依靠科学信息。另一个可能促进这一问题解决的方法是推广渔业产品认证，比如对经由科学捕捞方式（即对海洋哺乳动物无伤害的方式）捕捞的鱼类制成的产品进行认证，以鼓励消费者购买此类商品。事实上，在超市出售的某些品牌的金枪鱼罐头上，已经可以看到这样的认证。

当然，渔民也有他们自己的问题，因此，应当根据受保护的生物种类向捕捞船队提供技术等方面的支持，辅助他们完成现代化改造，从而尽可能地避免捕捞到受保护的物种。最后，有必要继续推动（事实上这项工作已经在进行中）针对专属经济区[①]海洋生物多样性展开的研究，同时关注与海洋生态系统及其季节变化相关的研究分析。另一个有效的方法是，参照巴塔哥尼亚诸省的方式，以进行生态保护、促进生态教育为目的建立海岸及海洋保护区（如内格罗河的罗伯利亚、丘布特的瓦尔德斯半岛、圣克鲁兹的莱昂山）。

---

① 专属经济区（ZEE）包含了归阿根廷所有的大陆架和这片区域中所有可供阿根廷进行商业开发的自然资源。这片区域的边界即是大陆坡与大陆架的交界线，距海岸300千米。

如果有人问我为什么要保护海洋生物多样性或者海洋哺乳动物，我可以从道德、生态和经济的角度来回答这个问题。这个世界日新月异，我们已经进入了信息爆炸的时代，毫无疑问，经济利益是保护生态的重要原因。我想说，对于所有人，尤其是我们的后代而言，保护生态是稳赚不赔的生意。我们无权摧毁陆地和海洋，我们不是自然的主人，只是拥有部分使用的权利罢了。但是如果有人问我研究海洋哺乳动物真正的、最主要的原因，我只会回答一个，这个原因也是一直以来激励我勤奋工作的动力：因为它们是如此奇妙！

附录 1：鳍足目动物分类[①]

海狮科

海狮亚科

北海狮

南海狮

日本海狮

南美海狮[②]

澳洲海狮

胡氏海狮

海狗亚科

北海狗

---

① 因各地对动物学名叫法不一，故所列鳍足目动物分类名超过现存 33 种。——编辑注

② 此部分显示为加粗字体的种类分布在阿根廷海和南极洲。

北美毛皮海狮

胡岛海狗

赤道毛皮海狮

南美毛皮海狮

新西兰海狮

幅北毛皮海狮

南极毛皮海狮

南澳海狗

非洲毛皮海狮

海象科

海象

海豹科

海豹亚科

港海豹

西太平洋斑海豹

环斑海豹

贝加尔海豹

里海海豹

竖琴海豹

环海豹

灰海豹

髯海豹

冠海豹

僧海豹亚科

地中海僧海豹

加勒比海僧海豹

夏威夷僧海豹

北象海豹

南象海豹

锯齿海豹

大眼海豹

豹形海豹

韦德尔海豹

附录 2：性选择

在雌雄异体动物中，性器官作为第一性征，是雄性与雌性最根本的差异所在。但是除此之外，雄性和雌性还有很多与生育活动没有直接联系的生理差异，这些差异被亨特称为第二性征……

——［英］查尔斯·达尔文，1871

性选择

从进化论的角度来看，一个个体存活的目标就是尽可能多地繁衍后代。雌性和雄性的生殖细胞大小差异明显（雌性的卵子远远大于雄性的精子）。因此，在哺乳动物中，一般是雄性之间展开竞争，争夺与雌性交配的机会，而雌性则准备好选择心仪的交配对象。由于雌雄两性之间存在性别差异，它们能否在繁育后代上取得成功是一个很大的变数（是否成功是通过其后代的数量来衡量的）。

……在这种情况下，雄性逐步进化出了它们现在的样子，这种进化不是为了更好地适应生存环境、取得生存竞争的胜利，而是为了赢得其他雄性所不具备的优势，并把这种优势遗传给自己的雄性后代。毫无疑问的是，性选择在这个进化机制的运行过程起到了主导性作用。鉴于两性之间的这种差异的重要性，我们把这种两性之间的这种选择称为性选择。

——［英］查尔斯·达尔文，1871

性别内选择与性别间选择

性别内选择指的是同性动物（通常为雄性）为争夺与异性（通常为雌性）交配的机会而展开竞争。性别间选择指的是雄性获得能够吸引雌性的特定生理特征，而雌性会根据这些生理特征来选择交配对象。这两种机制可以同时运行。

上述机制的运行取决于两点：一是两性在亲代投资上的差异；二是同一时期处于发情期的雌性和雄性在整个群体中所占的比例。亲代投资是指亲代为增加后代生存机会进行的投资。通常来说，在繁育后代方面，雌性把大部分的精力都投入到喂养、照顾后代上，而雄性则专注于争夺更多的交配机会。

雄性和雌性在繁育后代上的投资是不平均的。投资较少的一方会与同性展开竞争，争夺与投资较多的一方交配的机会。一般来说，也就是雄性争夺雌性。竞争方式多种多样，比如与同性展开肢体冲突，或者向雌性展示特定的求偶行为。

附录3：交配制度

竞争与有限的资源

雄性与雌性彼此需要，双方都试图通过繁育后代尽可能长久地将自己的基因延续下去。

从理论上来看，雄性可交配的次数没有上限，交配的速度仅取决于精子产生的速度。根据上述观点，我们可以得出结论：有性生殖（两性基因的融合）使雌性成为繁育后代过程中的有限资源，雄性为此与同性展开竞争。对于哺乳动物来说，雌性通常要花几个月的时间来孕育胎儿。而在这段时间中，雄性可能已经使数百只雌性受孕了。在后代成长发育的过程中，雌性做出的投资远大于雄性，它们一般全权负责照料、喂养后代。

雌性和雄性通过不同策略提高自己在繁衍后代上的成功率：雄性的策略是与大量雌性交配；雌性的策略则是通

过食物获取能量，将能量用于产生卵子、孕育胎儿。

由此可以得出结论：亲代在繁育后代上投入的资源（包括生殖细胞和对后代的养育照顾）与同性之间争夺交配对象的竞争有一定关系。

交配制度

交配制度其实就是动物在交配过程中的行为模式，借助这样的模式，动物可以尽可能地让自己在繁育后代方面取得的成功实现最大化。多配制是指在交配制度中，某一性别的个体在一段繁育期内可以与多个异性个体交配。多配制可分为一雄多雌制（一个雄性与多个雌性交配）和一雌多雄制（一个雌性与多个雄性交配）。

一雄多雌制可分为三个亚型：

一是资源保卫型。雄性不直接控制雌性，而是通过垄断关键性资源来迫使雌性与其交配。

二是雌性保卫型。雄性直接控制雌性，这种形式多存在于雌性集群生活的物种中。这种亚型也被称为“后宫保卫型”。

三是雄性优势型。在这种亚型中，交配对象和有限资源是共享的。在繁育期内，雄性聚集在一起，由雌性从中选择交配对象。

如今，学界在交配制度相关理论的研究上取得了重大进步。研究的重点在于性选择与环境因素的关系，因为恰恰是环境因素影响了雄性和雌性的空间和时间上的分布。交配制度的生态局限性限制了性选择机制的活跃程度。

附录 4：西南大西洋鲸目动物名录[①]

齿鲸亚目

淡水豚总科

拉普拉塔河豚科

拉普拉塔河豚

亚马孙河豚科

亚马孙河豚

海豚总科

鼠海豚科

鼠海豚亚科

阿根廷鼠海豚

① 由于鲸目包含的海洋哺乳动物种类众多，此处作者仅依据个人观点列举出了分布在西南大西洋的种类（更多详情请参见本书推荐书目）。

无喙鼠海豚亚科

眼斑海豚

海豚科

尖嘴海豚亚科

糙齿海豚

土库海豚

海豚亚科

暗色斑纹海豚

沙漏斑纹海豚

皮氏斑纹海豚

灰海豚

宽吻海豚

花斑原海豚

点斑原海豚

飞旋原海豚

短吻飞旋原海豚

条纹原海豚

真海豚

弗氏海豚

露脊海豚亚科

南露脊海豚

喙头海豚亚科

花斑喙头海豚

领航鲸亚科

瓜头鲸

小虎鲸

伪虎鲸

虎鲸

长肢领航鲸

短肢领航鲸

喙鲸总科

喙鲸科

希氏剑吻鲸

阿氏贝喙鲸

柏氏中喙鲸

带齿喙鲸

赫氏中喙鲸

格氏喙鲸

鹅喙鲸

南瓶鼻鲸

抹香鲸总科

抹香鲸科

抹香鲸

小抹香鲸科

小抹香鲸

侏儒抹香鲸

须鲸亚目

露脊鲸科

南露脊鲸

小露脊鲸科

小露脊鲸

须鲸科

须鲸亚科

小鳁鲸

塞鲸

布氏鲸

蓝鲸

长须鲸

大翅鲸亚科

座头鲸

术语词表

DNA

DNA，即脱氧核糖核酸，是一种由核苷酸组成的、包含着遗传信息的生物大分子。核苷酸排列组合形成了携带有遗传信息的 DNA 片段，即基因。

抹香鲸

抹香鲸属于鲸目齿鲸亚目。世界闻名的莫比 · 迪克就是一只抹香鲸，也叫白鲸，是赫尔曼 · 梅尔维尔创作的著名小说《白鲸》的主角。抹香鲸可以下潜到 2000 米深的深海中，主要以大型章鱼为食，也捕食其他海洋动物。

生物分类等级

生物分类根据生物的相似程度（包括形态结构和生理

功能等），把生物划分为不同的等级。生物分类主要有七个级别：界，门，纲，目，科，属，种。

脊索动物门

这一门动物的共同特征是具有脊索，包括鱼、两栖动物、爬行动物、鸟、哺乳动物等。

智能设计论

智能设计论是创造论自由派推出的新名词。他们在美国大力推广这一理论，企图用它来取代达尔文的进化论。

种

具有共同特征、能够交配繁殖出后代且后代具备生殖能力的生物群体。

一雄多雌制

在实行这一制度的物种中，一个雄性个体可以控制多个雌性个体。雄性占据一片领地，雌性前往雄性的领地与其交配；雄性也有可能直接拦截接近发情期（排卵期）的雌性，迫使雌性与它交配。

系统发生学

研究生物进化规律的学科。

浮游植物

生活在浅海中可进行光合作用的微生物，随洋流运动移动。这种生物可以通过光合作用将光能转化为化学能，在自然界中扮演着生产者的角色，并且在维持全球气候稳定方面有着重要作用。

化石

化石是生命曾经存在的证据，也是生物进化过程的证明。化石由无机物（一般是岩石）构成。无机物取代了原本构成生命体的有机化合物，形成了化石。化石的来源可能是骨骼、甲壳、木头、种子，甚至完整或不完整的生物个体。另外，花粉、动物生活的痕迹以及已经焦化的物质都可以形成化石，供科学家进行研究。

配子

配子就是通过有性生殖繁衍的生物的生殖细胞（卵子和精子）。配子分裂的过程中，染色体数量减半，也就是说，生殖细胞包含的遗传信息（即 DNA，以染色体的形式存在于细胞中）数量是其他细胞中遗传信息数量的一半。在受精（卵子和精子融合）以后，受精卵中的染色体数量恢复正常值，遗传信息数量随之恢复，但部分信息会发生变异。

动物栖息地

生态系统中栖息着多种生物的实体空间。在生态环境中，适合生存的栖息地因物种而异，每个种群都有各自的栖息地。比如，对于一只石斑鱼来说，岩洞会是完美的栖息地。

适应辐射

适应辐射是一类动物向种类多样化演进的过程，也就是说，一类动物分化成在形态、生理、行为上各不相同的种。因此，适应辐射是不同物种产生的源头。一般来说，一个物种的适应辐射过程会持续数百万年时间。

自然选择

自然选择是促成生物演化和新物种产生的一种机制。这个理论最早由达尔文提出。自然选择意味着生物繁衍的结果是有差异的，能够更好地适应生存环境的个体和物种可以繁衍出更多后代，留下更多的遗传信息。自然选择在生物进化中有着决定性作用。

性选择

性选择是促成生物演化的另一机制。性选择发生作用的方式是雄性为争夺与雌性交配的机会而展开竞争，同时，雌性根据雄性释放的信号使用一定策略来选择心仪的交配对象。

推荐书目

Bastida, R. y D. Rodríguez, 2004, *Mamíferos marinos de Patagonia y Antártida*, Buenos Aires, Vázquez Manzini Editores, 208 pp.

这本书编排精良，内容丰富，风格诙谐，介绍了目前生活在阿根廷和南极洲沿海的47种海洋哺乳动物。作者对其中的每一个物种都进行了细致详尽的描述，参考了相关领域最新研究成果，科学态度极为严谨。书中配图丰富精美，许多照片出自作者本人。这部著作的两位作者都是海洋哺乳动物领域的专家。通过这本书，我们除了可以了解关于这47种海洋哺乳动物的科学知识，还可以加深对环境污染、生态恢复、海洋动物种群等方面的认识。这本书对海洋哺乳动物爱好者来说，特别是对于那些长途跋涉只为一览它们真容的痴迷者，是不容错过的一部好作品。

Campagna, C. y A. Lichter, 1998, *Las Ballenas de la Patagonia*, Buenos Aires, Emecé.

这本书是一部面向大众的科普读物。它从环保人士的角度出发，讲述了人类利用科学手段保护露脊鲸及其生活环境的故事。

Cappozzo, H. L. y M. Junin, 1991, *Estado de conservación de los mamíferos marinos del Atlántico Sudoccidental*, Informes y estudios del Programa de Mares regionales del PNUMA nº 138; 250 pp.

这本书囊括了一些生活在淡水中的哺乳动物，比如亚马孙河豚和亚马孙海牛等50种海洋哺乳动物的基本信息及其受保护的情况。每一篇文章中都采用了统一形式的图表对海洋哺乳动物的相关信息进行了总结归纳，涵盖了生物学、生态学、受人类保护情况等多方面的内容。读者们可以前往自然科学或海洋科学相关机构开办的图书馆，或由联合国环境规划署（总部设在肯尼亚首都内罗毕）管理的海洋与海岸地区规划活动中心查阅这本书。

Carranza, J. (Ed.), 1994, *Etología, Introducción a la Cien-*

cia del Comportamiento, Universidad de Extremadura, Cáceres, Servicio de Publicaciones, España, 588 pp.

这本书针对动物的行为展开研究，回顾了动物行为学的发展历史及其代表性人物的学术成就，如尼古拉斯·廷贝亨和康拉德·洛仑兹。通过这本书，我们可以了解动物行为的经典模式和内因，内因指的是引起某一动物个体的行为在不同年龄阶段发生变化的原因。这本书还介绍了进化历程对该物种行为的影响。动物的行为模式可以帮助它们节省能量，并且在捕食、逃避猎杀者、求偶等多方面提高效率。在这本书中，我们不仅可以认识生物之间的沟通方式和使用的沟通信号，还可以了解交配制度和性选择是如何影响生物进化的。这本书适合具有大学学历的读者阅读。

Curtis, H.; Barnes, N. S.; Schnek, A. y Flores,G., 2000, *Biología*, 6ta edición en español, Buenos Aires, Editorial Médica Panamericana,1.496 pp. más apéndice.

我必须要向读者们推荐这本书。这部作品内容极为丰富，涵盖了大量生物学相关课题，值得所有生物学家以及生物学爱好者终生收藏。这本书由阿根廷多位科学家联合编撰。在编写时，科学家们筛选了本国多个科研实验室开展的研究课题融合在这本书内容中。如果读者朋友们有关于细胞生物学、遗传生物学、生态学、生物进化史等方面的疑问，一定能够在这本书中找到答案。

Darwin, C., 1859, *On the origin of the species*, Londres, John Murray.

Darwin, C., 1871, *The descent of man and selection in relation to sex*, Londres, John Murray.

达尔文的这两部作品对生物学的发展来说具有划时代的意义，是读者朋友们不能错过的作品。在第一本书中达尔文提出了自然选择和生物进化论，在第二本中他主要研究了人类与性选择。

Evans, P. G. H. y J. A. Raga, 2001, *Marine Mammals. Biology and conservation*, Nueva York,Klumer Academia/Plenum Publishers, 630 pp.

这本书由多名科学家联合撰写，内容涉及生物学、行为学、研究方法与技术、寄生虫与致病生物、海洋哺乳动物保护等多方面，适合大学师生阅读。书中的每一模块都包含了完整的参考书目。通过这本书，我们可以了解关于海洋哺乳动物多方面的知识。

Lichter, A., 1992, *Huellas en la arena, sombras en el mar. Los mamíferos marinos de la Argentina y la Antártida*, Buenos Aires,Ediciones Terra Nova,284 pp.

这本书作者以简介和图表的形式整理了生活在阿根廷和南极的海洋哺乳动物的相关信息，配图精美，附有大量照片。这本书中收录了多篇由海洋哺乳动物领域的专家撰写的文章，他们是这一领域知识的生产者，没有人比他们更加了解海洋哺乳动物。这本书语言通俗易懂，是一本适合海洋哺乳动物爱好者阅读的科普读物。书中还提到了许多有趣的逸闻故事，使读者在体验到科学的严谨性之余还能感受到科学的趣味性。

Perrin, W. F.; Würsig, B.; Thewissen, J. G. M.,2002, *Encyclopedia of Marine Mammals*, San Diego, Academic Press, 1.414 pp.

这部百科全书收录了 283 篇独立文章，介绍了大量海洋哺乳动物领域的知识。本书内容涉及地球上所有种类的海洋哺乳动物，话题涵盖了生物构造学、行为学、生态学、进化史、人与动物的关系、海洋科学研究方法论等多个方面。遗憾的是，本书公开资源极少，我们在此仅提供一个网址：http://www.apnet.com/narwhal，如果在这里也无法找到这部作品，那就没有别的办法了……

Renouf, D. (ed.), 1991, *The Behaviour of Pinnipeds*, Londres, Chapman and Hall, 410 pp.

这本书为我们提供了一个极好的用来认识、分析鳍足目动物交配制度的研究方法，还向我们介绍了鳍足目动物的交流方式、感官系统、生理特征、进化史，内容丰富，语言简洁。这本书的理论框架在出版之前依据当时的最新研究成果进行了调整，适合专业人士阅读。虽然现在对鳍足目动物展开的研究已经取得了重大进步，但是这部作品对于相关领域的爱好者来说，仍是一部不可或缺的优秀参考书。

Ridley, M., 2000, *Genoma*, Madrid, Taurus, 390 pp.

这本书非常有趣，值得推荐。这本书的作者最早从事的是生物进化研究（我本人也是如此），他在书中详细介绍了人类的23对染色体（本书共有23章，每章介绍一组染色体）。作者在书中表达的主要观点是，基因决定了人类的身体形态和个性特征。作者阐述了基因是如何影响周围环境，周围环境又是如何反作用于基因的（环境如何刺激某些基因的活跃度，又如何抑制某些基因的遗传）。基因组存在于任何细胞的细胞核中，其中储存了用于构建生命体的一切指令。这本书的参考书目十分值得探究，特别是对那些对这个话题足够有兴趣的人来说。

Riedman, M., 1990, *The Pinnipeds: Seals, Sea Lions and Walruses*, Berkeley, Los Angeles, University of California Press,4399pp.

这是一本由海洋哺乳动物领域的专家编写的读物。在不影响科学严谨性的情况下，作者讲述了在研究过程中发生的诸多趣闻轶事，让人们了解科学家们是如何解决工作中遇到的困难的。这本书的参考书目在出版之前进行了更新，适合在大学中工作、学习的读者阅读。

Zavattieri, Victoria; Eugenia Zavattieri y Claudio Campagna, 2003, *Tras el rastro de Mirounga. Investigaciones del doctor*

Divague sobre los elefantes marinos, México, Fondo de Cultura Económica, 113 pp.

这本书的主角是研究巴塔哥尼亚象海豹生活习性的胡安·塞贝罗·迪瓦凯博士。这本书生动有趣，插图丰富，语言通俗易懂，任何年龄段的人都可以通过阅读这本书了解一名科学家的工作，以及他所掌握的关于海洋哺乳动物的知识及动物们受保护的情况。

图书在版编目（CIP）数据

“鲸鳍”之旅：走进海洋哺乳动物 / (阿根廷) 路易斯·卡波佐著；(阿根廷) 伊塞格尔·伊格纳西奥·维拉绘；招阳秀玥译. -- 海口：南海出版公司，2023.7
（科学好简单）
ISBN 978-7-5735-0402-9

Ⅰ. ①鲸… Ⅱ. ①路… ②伊… ③招… Ⅲ. ①水生动物－海洋生物－哺乳动物纲－普及读物 Ⅳ. ① Q959.8-49

中国国家版本馆 CIP 数据核字 (2023) 第 104214 号

著作权合同登记号　图字：30-2023-048

“JING QI” ZHI LÜ——ZOUJIN HAIYANG BURU DONGWU
“鲸鳍”之旅——走进海洋哺乳动物

作　　者　[阿根廷] 路易斯·卡波佐
绘　　者　[阿根廷] 伊塞格尔·伊格纳西奥·维拉
译　　者　招阳秀玥
责任编辑　吴　雪
策划编辑　张　媛　雷珊珊
封面设计　柏拉图
出版发行　南海出版公司　电话：（0898）66568511（出版）（0898）65350227（发行）
社　　址　海南省海口市海秀中路 51 号星华大厦五楼　邮编：570206
电子信箱　nhpublishing@163.com
印　　刷　北京建宏印刷有限公司
开　　本　787 毫米 ×1092 毫米　1/32
印　　张　5
字　　数　80 千
版　　次　2023 年 7 月第 1 版　2023 年 7 月第 1 次印刷
书　　号　ISBN 978-7-5735-0402-9
定　　价　45.80 元